きちんと知りたい!

自動車サスペンションの基礎知識

170点の図とイラストで"足回り"のしくみの「なぜ?」がわかる!

飯嶋洋治[著]
Iijima Yoji

日刊工業新聞社

はじめに

クルマの構成要素というと、どうしてもエンジンやデザインといったわかりやすいところに目がいってしまいがちです。本書で取り上げるサスペンションやシャシーはその次……というかあまり意識されることはなく、普通に走って当たり前というような感覚で捉えられているようなところもあります。

購入を考える際にも、クルマのパワーや使い勝手というようなことは考えても、サスペンション形式にこだわるという方は少数派かもしれません。

サスペンションというと、一般的には乗り心地を保つものという認識が強いと思います。とくに高級車などでは、ゆったりと楽に走れるとか、どっしりとした安定感があることなどは重要視される部分でしょう。しかし、それはサスペンションのごく一部だけの役割です。

◎サスペンションの性能はクルマの「走る」「曲がる」「止まる」に関わる

クルマは「走る」「曲がる」「止まる」が三要素といわれますが、「曲がる」の部分を主に受け持つのがサスペンションの役割です。そして「走る」「止まる」にも関わっています。

道はもちろんまっすぐなところだけではありません。街中を走っているときにも、至る所で交差点などの曲がり角がありますし、高速道路もゆるいコーナーが続くことが多いでしょう。山道などに行けば、きついコーナーが延々と続きます。

いくら乗り心地が良くても、こうしたコーナーで不安を与えるようなクルマは感心できません。それに加え、路面の状況自体も千差万別です。きれいに舗装された道でも、荒れた道でも一定以上の乗り心地とコーナリング性能を発揮する必要があります。まっすぐな道はもちろん、コーナーでもクルマの姿勢を安定させ、乗員に不安な思いをさせないことがサスペンションに要求されます。

「走る」ことも、エンジンや駆動系だけによるものではありません。いくらエンジンパワーが大きくても、それをしっかり路面に伝えることができなければ、パワーが無いのと同じです。路面と接触しているのはタイヤですが、エンジンとタイヤの間にあるのがサスペンションです。パワーを掛けたときにタイヤをしっかり路面に押しつけて駆動力を発揮するためには、サスペンションは欠かせません。

「止まる」という面についても、ブレーキをかけたときにクルマの姿勢を安定させ、スムーズに止まることにサスペンションの性能が関わってきます。

◎サスペンションは難しいだけでなく面白い!

本書では、サスペンションの基本的な部分からちょっとマニアック？　と思われることまで解説することを主眼としています。また、サスペンションの能力を十分に発揮させるには、それを支えるフレーム（ボディ）やブレーキ系、デファレンシャルギヤなどの駆動系、ホイール、タイヤなども欠かせない要素なので、サスペンションと関連付けながら解説することを試みました。

クルマの重要な位置を占めるサスペンションですが、難しいだけでなく面白いと感じるところも多々あると思います。その一端でも知っていただければ著者としてこれ以上の喜びはありません。

私自身は「クルマ好き」であり「サスペンション好き」ではありますが、専門的にそれらを勉強してきたわけではありません。自動車工学的に誤った記述があるかもしれません。その際には、読者諸賢のご寛容を乞うとともに、ご指摘いただければ幸いです。

2018年4月吉日　飯嶋 洋治

CONTENTS

第2章
サスペンションの中心部とボディの関係

1. サスペンションの基本的な構成部品

2. ボディ剛性とサスペンション

第3章
サスペンション形式

1. 車軸懸架式と独立懸架式

2. 車軸懸架(リジッドアクスル)式

3. 独立懸架(インディペンデント)式

4. 用途に応じたサスペンション形式

第4章

サスペンションの構成部品

1. スプリング

2. ショックアブソーバー

3. その他のサスペンション構成部品

第5章

アライメントとジオメトリー

5

1. ホイールアライメント

2. ジオメトリーとロール特性

第6章
サスペンションを支えるパーツ

6

1. ステアリング系

2. ブレーキ系

3. 駆動系

4. タイヤ、ホイール系

第7章 さまざまなサスペンション

7

1. 車高制御システム

2. サスペンションの制御

第8章
サスペンション周辺のメンテナンス

8

1. サスペンションの寿命とメンテナンス

第1章

サスペンションとクルマの関係

Relation between a suspension and a car

サスペンションを中心としたクルマの全体像

クルマというと、エンジンの動力でタイヤを回転させ、フロントタイヤを切って方向を変えるというイメージがあります。サスペンションは外からは見えませんが、どんな役割を果たしているのですか。

クルマは自分で動くために動力（エンジンや電気モーター）を持っています。ただ、いくら優れた動力を持っていてもそれだけで走ることはできません。動力を路面に伝えることが必要だからです。そこで、動力をタイヤまで伝えるシステム（**駆動系**）が必要となります（上図）。それによって**駆動輪**を回せれば、路面をスムーズに動くことができる補助輪を組み合わせて一応クルマが動くようになります。バイクは駆動輪1＋補助輪1、クルマは駆動輪2＋補助輪2が一般的です。

◪路面からの衝撃を乗員に直接伝えないようにするのが大きな役割

ただし、クルマを人やものの輸送に使うとなるとこれだけでは足りません。すべての路面が平らであるとは限らず、実際にはかなりの凹凸があります。そのショックがタイヤを通じてそのままボディに入ってきたら、人は振動のためにとても乗ってはいられません。すぐに疲れて、「2度とクルマになんか乗りたくない」と思うでしょう。また、積み荷に対しても少なからず影響を与えます。

サスペンションというと、なんとなくクルマを支えるスプリングというようなイメージを抱いているかもしれませんが、**ボディ**と**タイヤ**を弾力的に支えて、路面からの入力を緩和するのが大きな役割です（下図）。

◪安心して「走る」「曲がる」「止まる」ためのカナメになる

クルマのボディは、加速時や減速時には前後にシーソーのように動こうとしますし、カーブでは遠心力が発生して右や左に傾こうとします。空気入りのタイヤがある程度それを吸収してくれますが、ボディとタイヤの間にサスペンションがあることによって、その力を吸収し、安定してクルマが走れるようにしています。サスペンションは、ボディの重量を弾力的に支えてくれると言い換えてもいいでしょう。

また、これは**乗り心地**とも大きく関係していますが、不快な**ノイズ**（Noise)、路面から伝わる**バイブレーション**（Vibration)、不整地や道路の継ぎ目から入ってくる**ハーシュネス**（Harshness）を柔らかく受け止めて収束させるなどの役割を担っています（この3つを合わせて**NVH**※という。18頁参照)。クルマのパーツはどれ1つとして不要なものはありませんが、その中でも、動力の次に重要なパーツ（システム）がサスペンションであると言っても過言ではないでしょう。

※　NVH：N((Noise)、V(Vibration)、H(Harshness)は、クルマの快適性を表す三大要素

走るために最低限必要なエンジン&駆動系

クルマが走るためには、動力源となるエンジンと、それを駆動輪まで伝える駆動系(ドライブトレーン：トランスミッション、プロペラシャフト、デファレンシャル、ドライブシャフトなど)が必要となる。

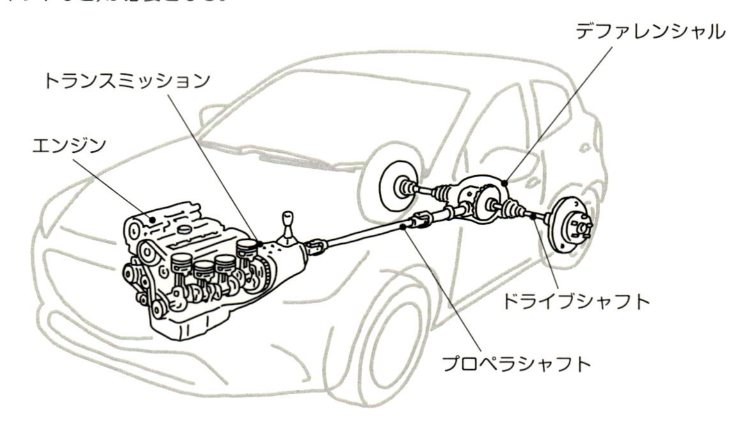

安心して走るために必要なサスペンション関連のパーツ

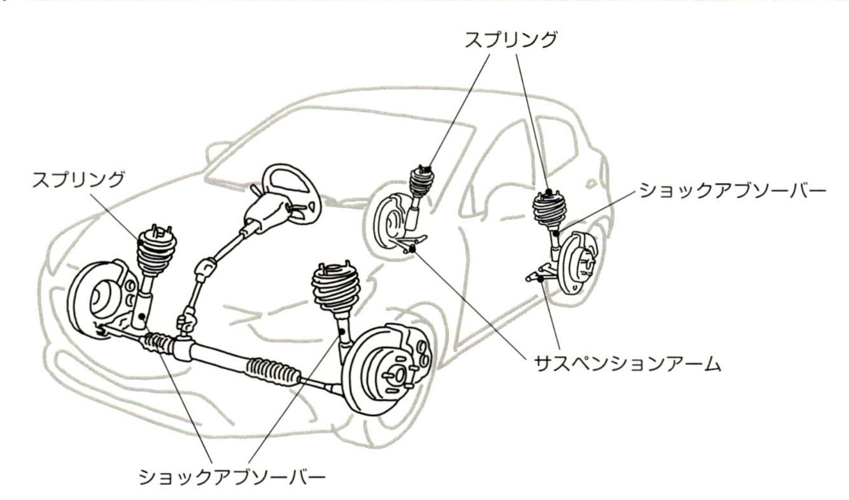

※イラストは、各パーツの位置関係を大まかに示しています

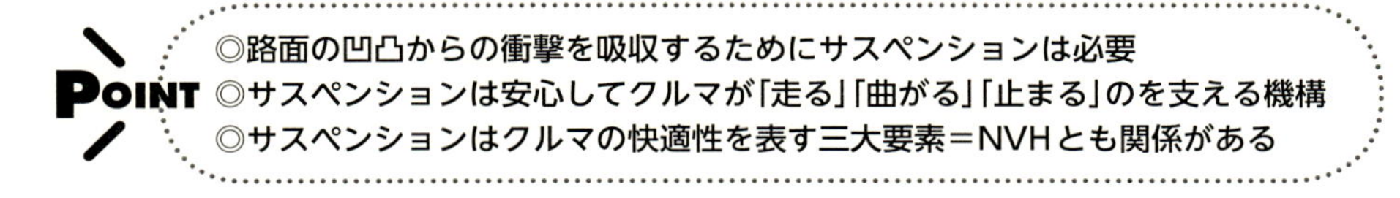

◎路面の凹凸からの衝撃を吸収するためにサスペンションは必要
◎サスペンションは安心してクルマが「走る」「曲がる」「止まる」のを支える機構
◎サスペンションはクルマの快適性を表す三大要素＝NVHとも関係がある

サスペンションに求められる役割❶ 乗り心地

サスペンションというと、まず連想するのが「乗り心地」だと思います。乗り心地とサスペンションはどのような関係になっているのですか。また、乗り心地に影響する要素は何でしょうか。

「乗り心地がいい」「乗り心地が悪い」など、クルマを評価する際に非常に重要になるのが「**乗り心地**」という要素です。これは、**タイヤ**と**ボディ**が**サスペンション**によって弾力性をもってつながっているからこそ生まれてくるものです。もっとも、乗り物には必ずサスペンションが必要かというと、そうとも言い切れません。その一番身近な例として自転車があげられます。

◩自転車のサスペンションは人間の膝が受け持つ

自転車の場合は、一部のモデルを除いてサスペンションが用いられることはありませんが、自転車に乗る人間自身に優秀なサスペンションが装着されているということを忘れてはいけません。それは「膝」です。例えば、自転車に乗っていて大きな段差などがあると、自然にサドルから腰を浮かせて、自転車が段差に上がった瞬間に膝を屈伸しているはずです。そのようにして衝撃を吸収し、乗り心地を確保しているわけです（上図）。

クルマの場合はそういうわけにはいきませんから、サスペンション（のスプリング）がその役目を受け持ちます。ただ、**スプリング**によって段差を乗り越えただけでは、いつまでも伸縮運動を繰り返して、車体が落ち着きません。そこでスプリングの動きを規制する**ショックアブソーバー**が必要となります。28頁、84～89頁で解説しますが、ここではそういうパーツがあるということを覚えておいてください。

◩ボディの重さも乗り心地と関連している

さらに、乗り心地には**バネ上重量**、**バネ下重量**というものも関連しています。意外に思うかもしれませんが、ボディ（バネ上重量）が重いと乗り心地が良く、サスペンションやタイヤ（バネ下重量）が重いと乗り心地が悪くなります。単純に考えるとサスペンションで重いボディを支えているとふわふわと動きやすくなりますし、サスペンションが動いたときも、ボディの位置は一定のままでサスペンションが動きやすくなるから、というのがその理由です（下図、20頁参照）。

逆にボディが軽い場合、サスペンションが動くとボディもそれにつられて一緒に動いてしまい、極端にいうとサスペンションが無いのと同じような形になってしまいます。

サスペンションの役割と人間の膝

一部モデルにはサスペンションが装着される場合もあるが、一般的な自転車には無い。細かい衝撃はタイヤが受け止めるが、大きな衝撃は人間が腰を浮かせるなどして、サスペンションの代わりに膝がそれを受け止める。

スプリングの役割とバネ上・バネ下重量

もし、スプリングが無くてボディとアクスルがダイレクトにつながっているとしたら、衝撃がボディに入り人間は乗っていられない。間にスプリングが入ることよって、衝撃を受け止め、乗り心地を確保している。

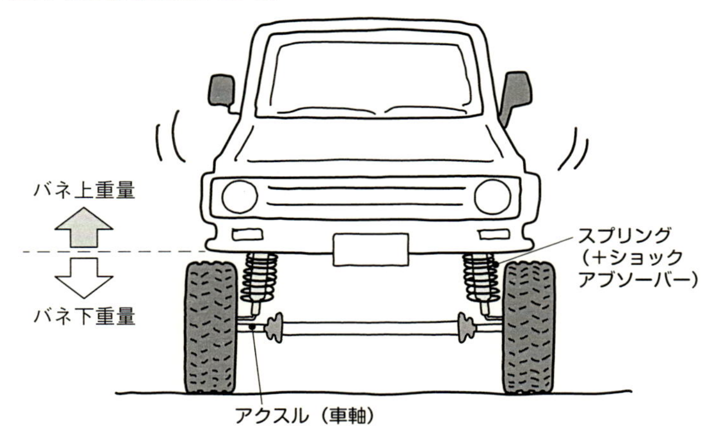

POINT

◎スプリングがあることで、大きな衝撃を柔らかく受け止めることができる
◎乗り心地には、ボディ（バネ上重量）とサスペンション回り（バネ下重量）の重さも関係している

サスペンションに求められる役割❷ 操縦安定性

サスペンション性能というと、コーナリング性能や操縦安定性という言葉が思い浮かびます。単純に速いコーナリングができるのが良いサスペンションという考え方でいいのですか。

操縦安定性というと漠然としていますが、要は安定した姿勢で走り、止まり、コーナリングができる性能といえます。レーシングカーなどは「速さ」を追求しますが、市販乗用車では、操縦安定性を追求しすぎると**乗り心地**（前項参照）と相反する部分が出てくるので難しいところです。乗用車用としての良いサスペンションは、操縦安定性と乗り心地の妥協点がポイントとなります。

◩走っているクルマには、慣性力によっていろいろな力が加わる

加減速時を考えると、車体に働く**慣性力**によって、加速時にはリヤが沈み込む**テールスクォート**という現象が起きますし、ブレーキング時にはフロントが沈み込む**ノーズダイブ**という現象が起きます。この2つの動きを**ピッチング**といいます(上図)。また、クルマが前進しているときにスラロームすると、外側が沈み内側が浮くという挙動の繰り返しとなります。これは**ローリング**と**ヨーイング**が起きていると言い換えられます。こうした場合、サスペンションの性能が優れていないとドライバーに不安感を与えますし、直接安全性につながる部分でもあるので非常に重要です。

◩乗用車に求められる操縦安定性は、まず安心して走れる性能

操縦安定性はサスペンションの問題だけではなく、クルマ自体の重心位置やタイヤの性能などが複雑に絡み合っています。いくら良いサスペンションを持っていたとしても、居住性優先の重心が高いミニバンなどは、どうしても操縦安定性が低くなりがちですし、タイヤの**グリップ性能**によっても違ってきます。

重心が高く、タイヤも走行性能に特化したものではなく乗り心地を優先したものを使用した場合、どれだけ操縦安定性を確保することができるかが、乗用車のサスペンションに求められているところといえるでしょう。

乗用車の場合、基本的な操縦性は弱**アンダーステア**に設定されています（下図）。これは一定の円を描いてクルマが旋回しているときに、スピードを上げていくと、だんだんと大回りになっていく挙動のことをいいます。逆に小回りになるのが**オーバーステア**です。この状態はテールを振り出してスピン状態になり、コントロールが難しくなります。アンダーステアは、スピードを落とすことでタイヤのグリップが回復すればコントロール可能となるため、一般的にはこちらが採用されます。

クルマが加減速、コーナリングする際の挙動の種類

クルマは大きくピッチング、ローリング、ヨーイングという挙動を出しながら走っている。もしこうした挙動がいきなり起きると、ドライバーに不安感を与えるだけでなく危険でもあるため、サスペンションにより操縦安定性を確保することは非常に重要である。

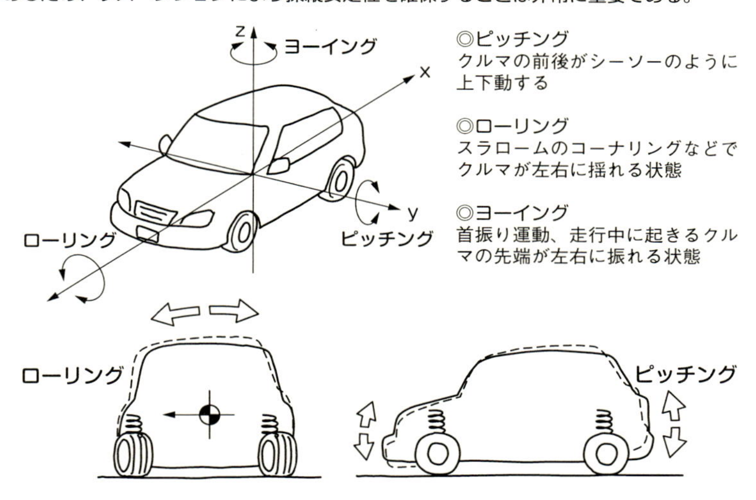

旋回中に速度を上げていったときのクルマの挙動

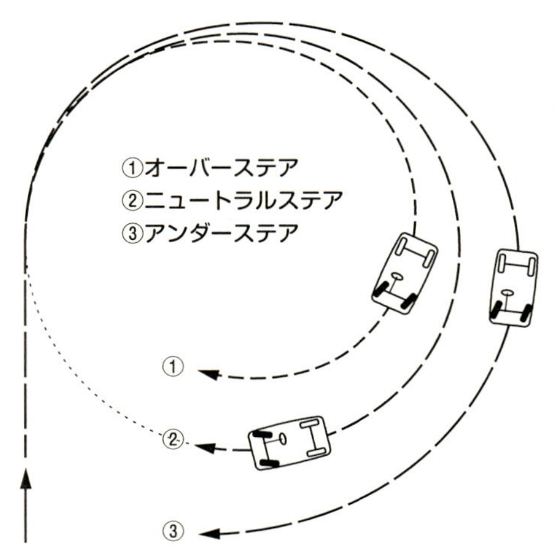

クルマは定常円旋回をしつつスピードを上げていくと、アンダーステアやオーバーステアが出てくる。回転半径が大きくなるのがアンダーステア、小さくなるのがオーバーステア。

POINT

◎サスペンションによって、ピッチング、ローリングなどを制御することが重要
◎市販乗用車では操縦安定性と乗り心地がバランスする点を見つける必要がある
◎弱アンダーステアの挙動にセッティングすると、市販乗用車では乗りやすい

サスペンションに求められる役割❸ NVH

サスペンションは、クルマの土台となる重要なパーツで、乗り心地や操縦安定性に大きく関わっていることはわかりました。では、NVHとサスペンションはどう関わっているのですか。

12頁で触れましたが、**NVH**とは、騒音（**ノイズ**＝N）、細かい振動（**バイブレーション**＝V）、**ハーシュネス**（凹凸を通過したときの振動や衝撃音＝H）など快適性を測る基準の総称です。クルマの場合、エンジンの騒音や振動の要素が非常に大きくなりますが、これはエンジンが燃焼を利用して、時には何百馬力ものパワーを出すものだからです。ただし、エンジン本体やエンジンマウントの工夫で、かつてに比べると大分改善してきました。

◩ NVHについてはサスペンションも無関係ではない

人間が体感するということでは、ボディの剛性や遮音性の要素も大きいといえます。つくりの良いボディならば静粛性も高いですし、ボディスタイルによって風切り音なども大きく違ってきます（上図）。さらにタイヤのロードノイズなども関わってくるので、サスペンションだけによるものではありません。

サスペンションの場合は、路面の状況によって常に動いています。サスペンション自体の剛性が低かったり、スプリングやショックアブソーバーのセッティングが良くないと、常に不快な振動を感じることになりますし、耳障りな音もします。

また、普段はあまり気にしないパーツですが、**ブッシュ**もNVHに関わっています（下図）。これは、サスペンションの可動パーツの連結部を受け持つゴム製の部品です。

◩ サスペンションブッシュがNVHに影響を与えることもある

ブッシュは適度な硬さを持つことによって、サスペンションを設計どおりに動かす役割を担っています。ただし、ゴム製であることからどうしても経年劣化したり、亀裂が入ったりすることがあります。そうするとやはり、ゴツゴツ感など振動や騒音のもとになることがあります。

自動車レースの場合は、乗り心地にはある程度目をつぶって、このパーツに強化品（ウレタンや金属）を使用する場合があります。コンマ差のタイムを競う場合には、ゴムの柔軟性がダイレクトな操縦性を阻害することがあるからです。乗用車でも、好みによってそうした**強化ブッシュ**（92頁参照）を使用することがありますが、そうすると振動、騒音、乗り心地に影響が出る場合があるので、注意が必要です。

ボディの遮音対策などが大きく影響するNVH

現代のクルマは、ボディの構造とともに、遮音対策もかなり入念に行なわれるようになってきた。その分、かつては気にならなかった、細かいNVHが目立つようになり、それに対する要求が増すようになったともいえる。

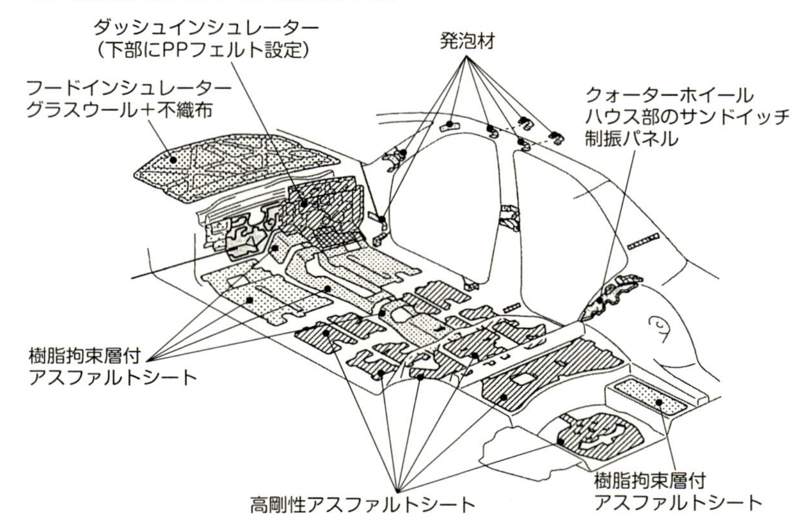

ブッシュのへたりがゴツゴツ音(ハーシュネス)の原因になる

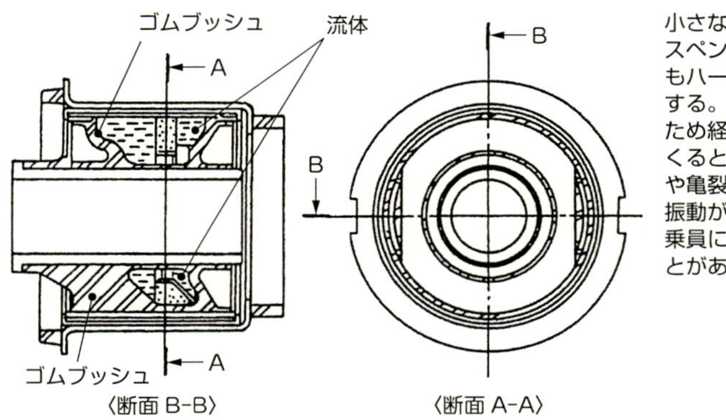

小さなパーツだが、サスペンションブッシュもハーシュネスに影響する。とくにゴム製のため経年劣化が進んでくると、路面のつぎめや亀裂などによって、振動がボディを通じて乗員に伝わってくることがある。

POINT
- ◎NVHはサスペンションだけでなく、クルマ全体の振動や不快な音のことをいう
- ◎エンジン音や車体の遮音性が高くなった分、細かい部分が気になるようになった
- ◎ブッシュは小さなパーツだが、劣化によりハーシュネスが悪化することもある

サスペンションとバネ下重量

サスペンションに関する本を読んでいると、「バネ下重量」という言葉がよく出てきます。これは具体的にどのようなことを意味し、どういった作用をするのでしょうか。

バネ下重量は、走行性能の話をするときによく出てくる言葉です。具体的にどこからどこまでがバネ下となるかはケースバイケースですが、サスペンションが動くときに一緒に動く部分がバネ下重量といえるでしょう。これに対して、サスペンションが装着されるボディ側の重さは**バネ上重量**と呼ばれます。

◪サスペンションと一緒に動くのがバネ下重量

バネ下重量の代表的なものは**タイヤ**、**ホイール**ですが、通常は**ブレーキキャリパー**もホイール側に付けられるのでバネ下重量となります。もちろん、**ショックアブソーバー**や**スプリング**、**サスペンションアーム**類もバネ下重量となります（上図）。

これらは、軽い方がクルマに良い影響を与えるといわれています。例えば、路面からタイヤに強い入力があった場合、バネ下重量が軽ければ、跳ね上がってもスプリングによって吸収され、ショックアブソーバーの**減衰力**（28頁、84～89頁参照）でタイヤが適正な位置に落ち着きやすくなります。

逆に重いと、タイヤが跳ね上げられたままなかなか路面に戻らず、ボディ全体が落ち込むような挙動となり、強い衝撃が伝わります。もちろん、それに応じた硬いスプリングや減衰力の強いショックアブソーバーを用いれば、ある程度は解決できますが、**乗り心地**が悪くなってしまうことは否めません。要は、バネ下重量が小さいということは、フットワークが軽くなると考えていいでしょう（下図）。

◪相対的にバネ下重量が軽ければ乗り心地は良い

バネ下重量は相対的なものでもあります。例えば、乗用車などではボディが比較的軽いこともあり、全体的にバネ下重量が重くなっています。逆にバスや積み荷を積んだトラックなどは、ボディが非常に重くなりますから、相対的にバネ下重量が軽くなって、意外と良い乗り心地だったりすることがあります。そこまでいかなくても、昔のボディの大きいアメリカ車などがフワフワと乗り心地が良かったのも、相対的にバネ下重量が軽かったからという面があります。

ただし、クルマの性能にとってバネ下重量にこだわることが絶対的に必要かというと異論もあるようです。とくに現代は道路の舗装状態が非常に良くなっていますから、それほど軽くしなくても実際には影響がないという面もあるようです。

バネ下重量とは?

バネ下重量とは、サスペンションそのもの(アーム、リンク、ストラット、ハブキャリアなど)を含め、ブレーキシステム、タイヤ、ホイールなどから構成される。これらが軽いと、いわゆるフットワークが軽いという状況となり、走行性能に貢献する。

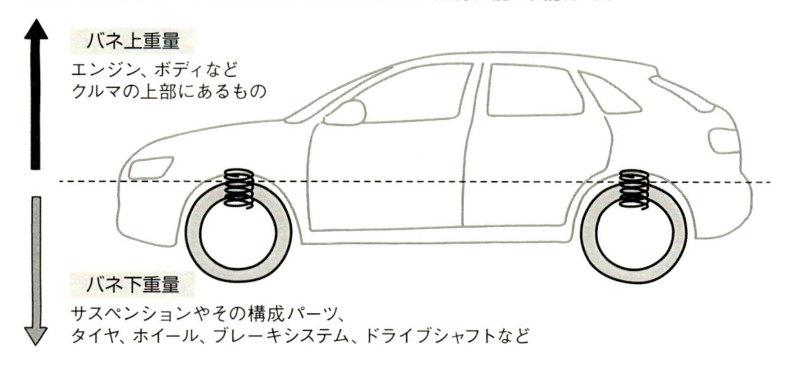

車軸懸架式と独立懸架式のバネ下重量の比較(42頁参照)

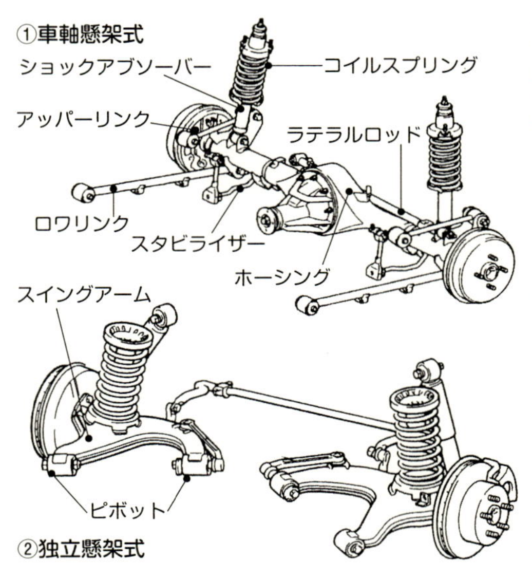

サスペンション形式でもバネ下重量は違ってくる。①の車軸懸架式リヤサスペンションの場合(46頁参照)、リンク類やブレーキシステムの他にデフギヤやオイル、ドライブシャフトが内蔵されるホーシングもバネ下となり重量がかさむ。一方、②の独立懸架式リヤサスペンションでは(58頁参照)、ホーシングそのものとは連動して動く必要がないため、フットワークが良くなる。

POINT
◎バネ下重量とは、サスペンションと連動して上下動をする部分の重さ
◎バネ下重量が軽ければ、サスペンションの動きが軽やかになりメリットが生まれるが、現代の整備された道路ではそれを感じづらい面もある

COLUMN 1

サスペンションを
とくに意識させないのが今のクルマ?

現在、なんとかクルマのことについて本を書いている私ですが、本や雑誌で得た表面的な知識はあったものの体験が伴わなかった時期は、クルマにとってサスペンションは大事なものと思っていても、あまり興味の対象にはなりませんでした。やはりパワースペックなどに目がいったものです。

18歳で免許証を取得しましたが、運転するのは自分のクルマばかりですから、サスペンションについては比較の対象がありません。乗り心地や操縦性についても「こんなものかなあ……」と思う程度でした。

サスペンションに関して、「性能によってこんなに違うものなんだ」という体験をしたのは、ダートトライアル（ダートラ）というモータースポーツに参加したことを通じてでした。これは、未舗装路でタイムトライアルを行なう種目です。あるとき、自分のクルマでなかなか速く走れないので、友人のクルマをちょっと借りて練習走行をしました。

自分のクルマはとにかくアンダーステアで、コーナリングではどんどんステアリング角を増やしていかなければコースアウトしてしまうような感じだったのですが、友人のクルマだとステアリング角を一定にしたままで、きれいな弧を描いてコーナリングできます。私のクルマの方がエンジンパワーは出ていたのに、非力な友人のクルマの方がタイムがいいのです。

同一車種ではないため、純粋にサスペンションだけの影響とはいえないでしょうが、クルマによって操縦性がかなり違うと思ったのと同時に、その後はちゃっかり友人のクルマを借りて競技に出場するようになっていました……。

現在は、仕事柄いろいろなクルマに乗るようになりましたが、それでも普通に乗っているだけだと、「硬い」とか「乗り心地が良い」くらいしかわからないというのが本当のところです。

逆に一般路で極端に操縦性が違うようなクルマは、現在の市場では受け入れられないということも言えるでしょう。

第2章

サスペンションの中心部とボディの関係

Relation between the center of the suspension and a body

サスペンションアーム

サスペンションは多くの部品から成り立っています。いろいろなサスペンション形式がある中で、サスペンションアームが重要になると聞いたことがありますが、それはどういうことですか？

サスペンションのメインパーツは、**スプリング**と**ショックアブソーバー**だといえますが、それだけでは成り立ちません。サスペンション形式にはいろいろなタイプがありますが、これは基本的に**サスペンションアーム**の組み合わせから来ています。したがって、アームはサスペンションの骨格ともいえるパーツです。

◪アームやロッドの組み合わせでサスペンション形式が決まる

62頁で解説しますが、代表的なサスペンション形式である**ダブルウイッシュボーン式**では、**アッパーアーム**、**ロワアーム**というパーツがボディ側とタイヤ側を上下から支え、その間をスプリングとショックアブソーバーが受け持つ形式になっています（上図）。アームは使われ方によって**ロッド**、**リンク**などといわれることもありますが、サスペンションを構成し、車重を支え、スムーズな動きの要になるパーツとしては同じ意味です。

「良いサスペンション」「良い足回り」などといった表現をしますが、基本はこのアームやロッド、リンクがどう組み合わされているかや、適切な長さとなっているか、剛性がどうかなどで決まります。

◪サスペンションアームには材質や重さへのこだわりが詰まっている

サスペンションアーム類は、コーナリングでは**横力**（よこりょく）を受けますし（下図）、加減速では前後からの入力も受けます。材質は鋳鉄が多く使われますが、中には**鍛造**※の鉄、鋼板プレスで頑丈につくられる場合もあります。丈夫なものが良いとはいっても、重くなってしまうと**バネ下重量**が重くなることで乗り心地や運動性能が悪化することもあります（20頁参照）。そのため、スポーティな車種では鍛造のアルミ合金を使って、剛性と軽量化の両立を目指したものもあります。

アームやリンクの接合点には**ブッシュ**と呼ばれるゴム製のパーツが用いられており、これもサスペンションの性能と大きく関わってきます。金属同士で直接接合すれば、しっかりとした動きにはなりますが、振動がダイレクトにボディに伝わって都合がよくないことがあるので、それをある程度柔軟性をもって受け止める役割を担っています。ブッシュについては、18頁でも若干触れていますが、92頁で改めて詳しく解説します。

※　鍛造：金属をたたくことによって成型する加工法。これに対して、金属を溶かして型に流し込むのが鋳造

サスペンションはサスペンションアームで構成される

図はアッパーアームとロワアームで構成されるダブルウイッシュボーン式。サスペンションはこうしたアームやロッド、リンクといったパーツによって構成され、その動きを規制し、弾力性の部分をスプリングとショックアブソーバーが受け持つのが基本的な形となる。

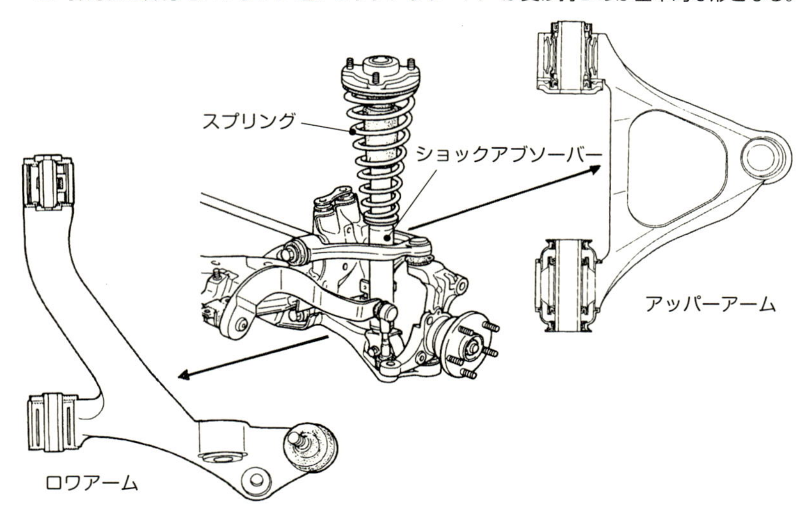

サスペンションアームが受ける横力

サスペンションアームは上下からの力だけではなく、コーナリングなどで横力を受ける。また、良い足回りとするためには剛性も必要となる。剛性を上げるために重くするとバネ下が重くなるので、それを解消するためにアルミ鍛造性が用いられることもある。

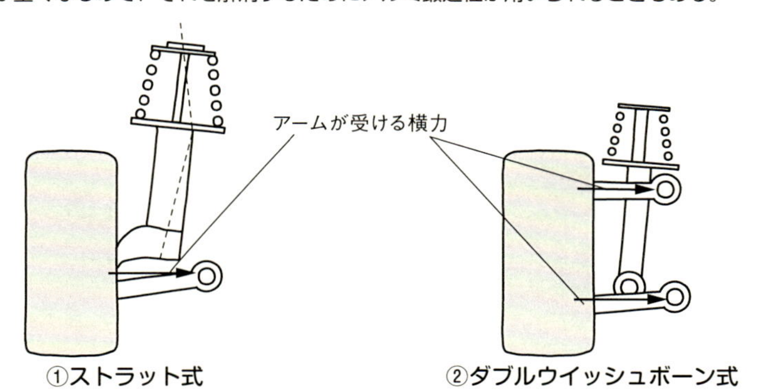

POINT

◎アームやリンクはサスペンションを構成する基礎的な部品となる
◎さまざまなサスペンション形式は、アームの配置によることが多い
◎アームは剛性が高いことや軽量なことが求められ、材質も工夫される

スプリング

「乗り心地が良い(悪い)」という場合、その多くをスプリングの性能が負っているように感じてしまいますが、実際にはどのような影響を与えているのですか。

スプリングは、サスペンション全体を見た場合に、最重要といっても良いパーツです。クルマの先祖である馬車は、初期にはボディと車軸がダイレクトにつながっていましたが、スプリングが装着されることによって人間が乗れるレベルになったそうです（上図）。クルマにはいくつかのスプリング形式が使用されていますが、それぞれについては後に解説するので、ここでは概要を説明します。

◩乗り心地はスプリングで確保できるが、それだけでは足りない

当然のことですが、路面からの入力がタイヤから何の緩衝もなくボディに伝わるとしたら、人間は乗っていられません。これがスプリングがない状態です。スプリングの弾性が衝撃を吸収することで、乗っていられる快適性の第一歩が確保されるといえます。

柔らかいスプリングにすれば、大きな入力があったときでもボディに伝わりにくくなりますから、**乗り心地**は良くなります。ただし、柔らかいとその後のスプリングの収縮がなかなか収まらないので、それを抑えるために、スプリングに合わせた**ショックアブソーバー**が必要となります。これについては次項で説明します。

コーナリングでは、横方向の傾き（**ローリング**）が大きくなってしまいますし、加減速では前後の傾き（**ピッチング**）が大きくなりますから（16頁参照）、柔らかすぎるスプリングでは**操縦安定性**という面で厳しいものがあります（下図）。

◩スプリングは適度な硬さに設定する

逆に硬いスプリングにすると、今度は乗り心地が犠牲になります。一方で、ローリングやピッチングは少なくなりますから、スポーツカーではそれでも硬めのスプリングを使用する場合があります。ただし、極端に硬くするとサスペンションが付いている意味がなくなってしまいますし、操縦性もスポイルしてしまいます。

スプリングは、現在棒状の鋼をらせん状に巻いた**コイルスプリング**が主に使われていますが（74頁参照）、板状のものを何枚か重ねた**リーフスプリング**（44、78頁参照）、巻かずに棒状の鋼のねじれを利用した**トーションバースプリング**（76頁参照）、空気を密閉し、その弾力を利用した**エアスプリング**などがあります。これらについては後で解説します。

馬車の時代からスプリングが使われ、衝撃を和らげていた

スプリングは馬車の時代から用いられた。道路の凹凸の衝撃を和らげることが目的だが、スピードはクルマに比べて低かったため、簡易なもので済んだ面もある。クルマの場合は乗り心地はもちろん、スピード、重量、急なコーナリング、加減速にも耐えうる必要があるだけに、要素は複雑になる。

スプリングの硬さによって、操縦安定性も異なってくる

スプリングの硬さは、乗り心地だけではなく操縦性に与える影響も大きい。スポーティな車種の場合は前後左右の動きを小さくして機敏に動くことが望ましい。ただし、乗り心地とはトレードオフになる傾向だ。

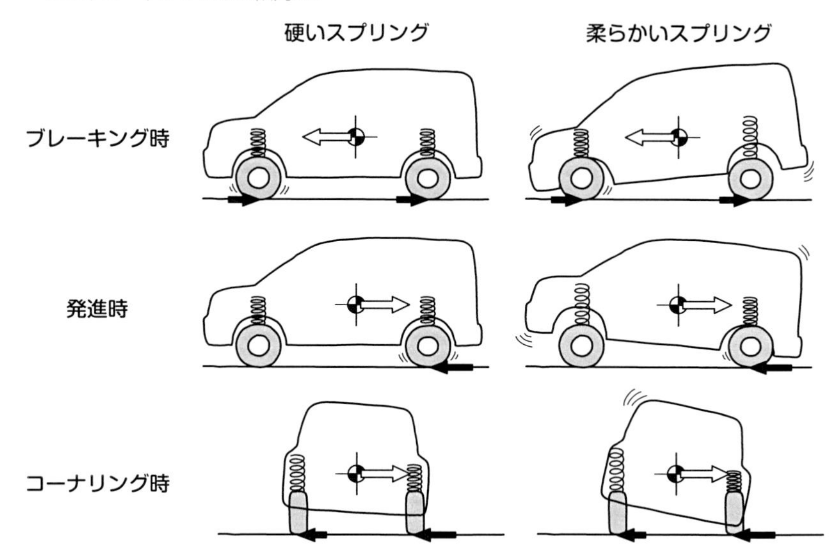

POINT
◎サスペンションの働きを考えたときに基本となるのがスプリング
◎乗り心地を確保することからはじまり、多くの機能が要求されるようになった
◎硬さと乗り心地のバランス点によって、そのクルマの性格が決まる

ショックアブソーバー

サスペンションといえば、ショックアブソーバーというパーツが必ずスプリングとセットになっています。スプリングの存在意義はわかりますが、ショックアブソーバーの役割は何ですか。

先述したように、サスペンションは**スプリング**があることで**乗り心地**を確保しますが、実はそれだけでは安定して走ることができません。スプリングは**固有振動数**を持っていて、一旦入力があって路面からのショックを吸収するように縮むと、今度は伸びます。しかもそれで収まるのではなく、今度はそれが縮み、また伸びるという**伸縮運動**を繰り返します。

◩スプリングの伸縮運動に抵抗を与えるのがショックアブソーバー

伸縮運動が収まらないうちに、また新たな入力があると、タイミングによっては、さらに大きな伸縮運動になる場合もありますし、いつまで経ってもふわふわとクルマが前後左右にゆすられることになってしまいます。

この動きを止めるのが**ショックアブソーバー（ダンパー）**の役割です（上図）。ショックアブソーバーはスプリングが縮んだ後は伸びにくく、伸びた後は縮みにくくする、「抵抗」を与える作用を持っています。

これを「**減衰力**」といいますが、スプリングに合った適度な減衰力を発生することによって、スプリングの伸縮運動を抑え、安定した走行ができるようにしているのです（84〜89頁参照）。

◩オイルの中を動くピストンによって、減衰力を発揮する

ショックアブソーバーの構造は、現在オイルを利用したものが多くなっています。単純化すると筒状の本体から稼働する**ロッド（ピストンロッド）**が出ており、これがスプリングと連動して動きます。ショックアブソーバー本体の中にはオイルが封入されていて、ロッドとつながったピストンがその中にあります。ピストンには**オリフィス**と呼ばれる穴が開いており、ピストンが動くとオリフィス内をオイルが行き来します。これが減衰力のもとになっているわけです（下左図、下右図）。

これにもいくつかの種類がありますが、いずれにしても**スプリングレート**※と使用用途に合ったショックアブソーバーが必要になります。市販車に付いているノーマルのショックアブソーバーはオールマイティな性能を持っていますが、とくにスポーツ走行などを考えるとものたりないことが多く、スプリングレートを高めるとともに、減衰力も高いものに交換される傾向になります。

※　スプリングレート：バネ定数。スプリングの硬さの指標で、スプリングを1mm縮めるのに要する力を表す。単位はkgf/mm、N/mm。74頁参照

スプリングに抵抗を与えて振動を減衰させるショックアブソーバー

ショックアブソーバーは、スプリングの振動を抑えるための役割を担っている。スプリングに合わせたショックアブソーバーを使用することで、サスペンションの性能を活かし切ることができる。

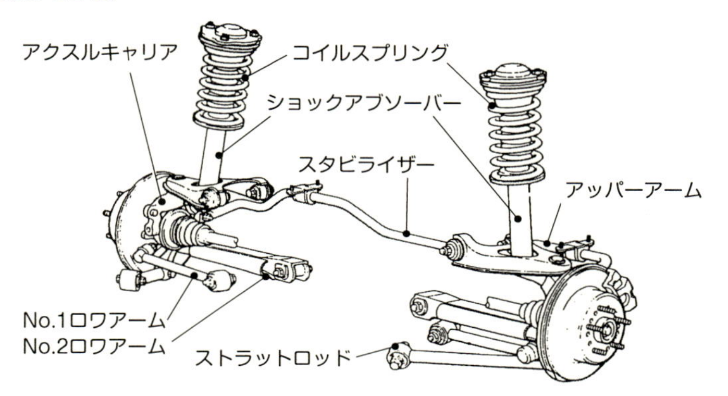

ショックアブソーバーの基本構造

ショックアブソーバー内はオイルで満たされている。ピストンロッドの先端にピストンがあり、ここに開けられた小さな穴(オリフィス)をオイルが通過することでサスペンションが作動する。

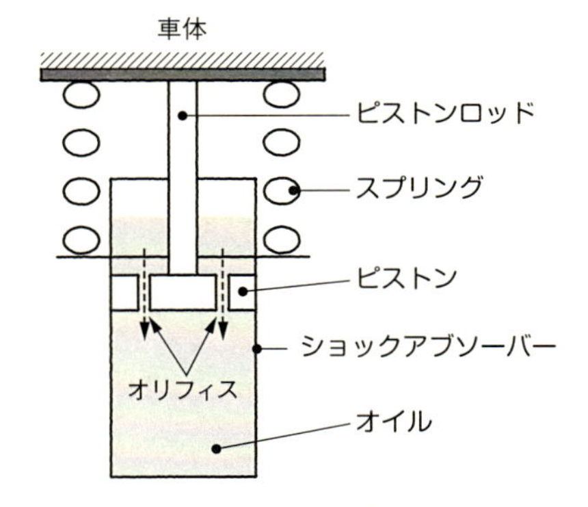

減衰力発生のしくみ

減衰力は伸び側と縮み側両方に発生する。原理的には、伸びるときに小さな径のオリフィスを、縮むときは大きな径のオリフィスを通過させ、伸び側の減衰力を高めている。

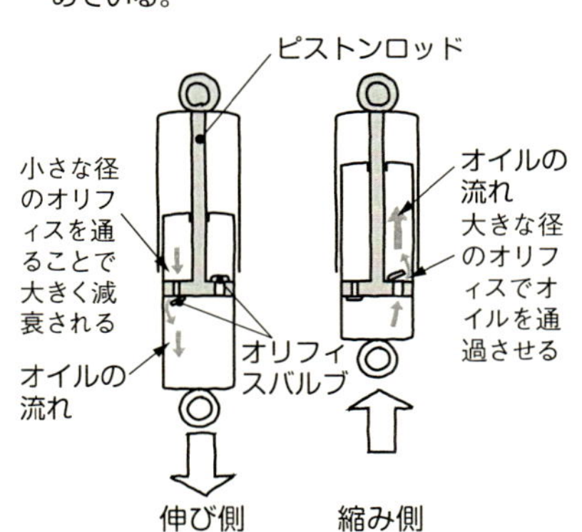

POINT
- ◎スプリングの振動をショックアブソーバーが抑えることで安定して走れる
- ◎ショックアブソーバー本体の中ではオイルとピストンによって減衰力が生まれる
- ◎スプリングに合った減衰力のショックアブソーバーを使用する必要がある

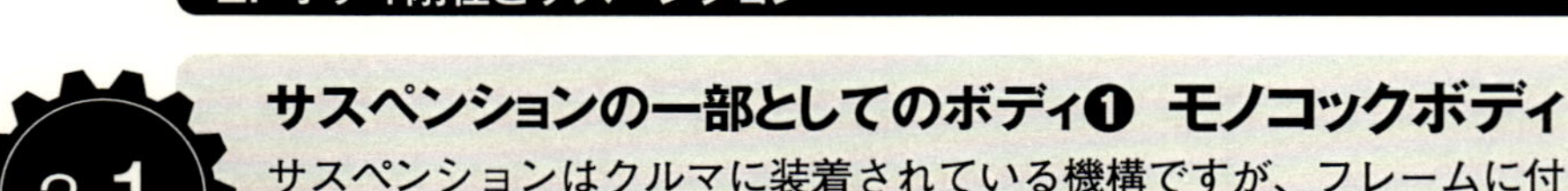

2-1 サスペンションの一部としてのボディ❶ モノコックボディ

サスペンションはクルマに装着されている機構ですが、フレームに付いていると考えていいのですか。また、フレームとサスペンション、あるいは走行性能との関係はどうなっているのでしょうか。

サスペンションはクルマの**操縦性**の多くの部分を担っています。ただし、いくらサスペンションの設計が素晴らしくても、それだけで「すべてOK」というわけにはいきません。サスペンションは端的にいえば**ボディ**に取り付けられていますが、タイヤからの入力をサスペンションが受け止めたとき、それが装着されているボディがグニャグニャだったらどうなるでしょうか。

◩しっかりしたボディ（フレーム）があってこそのサスペンション

その場合、**スプリング**や**ショックアブソーバー**がしっかり動く前にボディに力が伝わってしまいますし、第5章で説明する**アライメント**や**ジオメトリー**という位置決めもあまり意味がなくなってしまいます。そこで重要になるのが「**ボディ剛性**」です。ボディ剛性を高くすることで、サスペンションの土台がしっかりして、より良い操縦性が実現されることになります。かつては次項で解説する**ラダーフレーム**が主でしたが、現在では基本的に**モノコックボディ**（**フレーム**）が用いられています（上図、下図）。「基本的には」と書くのは、**サスペンションメンバー**などが組み合わされることが多いからで、それによって、必要な部位の強度が補われます（36、38頁参照）。

モノコックボディは、骨組みのようなフレームを持ちません。それでは何で**剛性**を保たせるのかというと、ボディの構造によってです。部分にもよりますが、全体に1mm以下の鋼板をプレス成形し、ボディへの入力を全体で受け止めるようにしています（**モノコック構造**）。

◩モノコック構造はボディ全体を使ったフレームといえる

イメージ的には、紙を折って箱をつくる場合、どこかに開口部があるとすぐに変形してしまいますが、すべてを閉じると中身が空でも変形しづらくなるという感じだと考えていいでしょう。もちろん、クルマのボディの場合はそう単純ではなく、曲面や曲げ方に工夫をしたり、部分的には**高張力鋼板**という剛性の高いものを使用します。ただ、剛性を高めればいいからとどんどん固めてしまうと、今度は重量がかさんでしまうので、その兼ね合いが難しいといえます。軽くするにはアルミニウムを用いるという手段もありますが、コストの問題もはらんできます。

モノコック構造を採用したボディ

現代の乗用車は、昔のクルマのようないわゆる「フレーム」を持たない。ボディ形状を工夫する＝モノコック構造とすることで、フレームの役割を持たせるとともに軽量化も実現している。

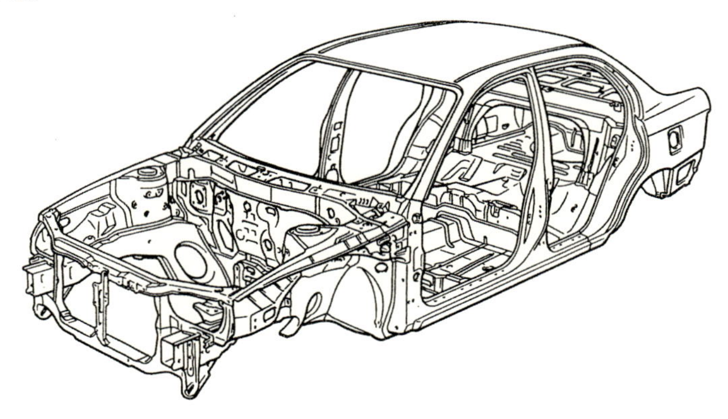

モノコックボディを支える各種メンバー

モノコックボディは、軽量で丈夫という面はあるが、直接エンジンが乗る部分やサスペンションが取り付けられる部分は、ボディにボルト止めなどをされたメンバーを介していることが多い。これで必要な部分の補強を行なっている。

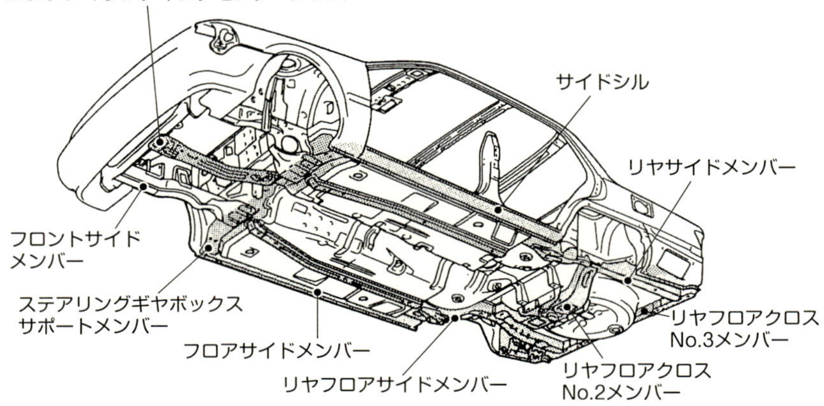

POINT
◎現代の乗用車はボディがフレームともいえるモノコック構造を採用している
◎モノコック構造で強度が不足する部分は、メンバーなどで補強される
◎ボディがしっかりすることで、サスペンションもきちんと動くようになる

サスペンションの一部としてのボディ❷ ラダーフレーム等

現代の乗用車はモノコックボディですが、昔のクルマはどんなフレームを使っていたのですか。トラックなどの後ろにつくと、床下からフレームみたいなものが見えていることもありますが……。

乗用車に**モノコックボディ**が普及するまでは、**ラダーフレーム**というハシゴ型の**フレーム**が採用されていました。この方式は、現在でもトラックなどに使用されています。前後方向の太い梁（はり）（**サイドフレーム**）が2本あって、それを横断する梁（**クロスメンバー**）によってつなげるというもので基本的には頑丈です（上図）。構造が単純な分、難しい技術はいりませんし、コストも安くできます。絶対的な頑丈さということでは、現在でもモノコックボディのかなわない部分といえるでしょう。

◩ラダーフレームは頑丈だが弱い?

ただし、**剛性**として考えると前後方向には強くても、ボディ全体で変形を抑えるモノコックに比べるとねじり方向に弱い面があります。絶対的な強さといえる頑丈さで考えるとラダーフレームがモノコックに勝るものの、サスペンションに影響するフレームの変形ということで考えると、モノコックボディが優っているということになります。

また、フレームが床下を通るために、床面を低くすることも難しくなります。これは重心を下げたり、乗降性を重視したい乗用車には不利に働く部分です。走行性能ということを考えるとラダーフレームは重くなるので、どうしてもスポーティカーには向かないという面もあります。

◩フレームとボディの合わせ技で剛性を保つ構造もある

床面を下げるということでは、**ペリメーターフレーム**というものがあります（下図）。これはフレーム（サイドレール）が車室を取り巻くように配置されていて、車室の床面がフレームの内側となり、車高を低くすることができるのです。ただし、フレームだけで支えられるほどの剛性はありませんから、その不足する部分をボディが補って、「双方合わせて剛性を確保」という感じになるといえるでしょう。

モノコックボディは、箱を閉じると強度が上がるイメージですが、そうできないクルマにオープンカーがあります。最初からオープンカーとして設計されているクルマには、ラダーフレームほど無骨ではありませんが、前後をつなげる**バックボーンフレーム**※を使用する場合もあります。ボディ自体は軽くできても、この分だけ重くなってしまうので、オープンカーは意外と重くなります。

※　バックボーンフレーム：前後に通した棒（背骨＝バックボーン）にエンジンやボディを取り付ける形式のフレーム

ラダーフレームを採用した例

ラダーフレームは乗用車にこそ使われないものの、トラックや荒れた道を走行する4WD車ではまだまだ現役。頑丈ではあるが、左右がクロスメンバーでつながれるだけでねじれ剛性には弱い面もある。また、重かったり、床面が高くなってしまうのも乗用車に向かないところ。

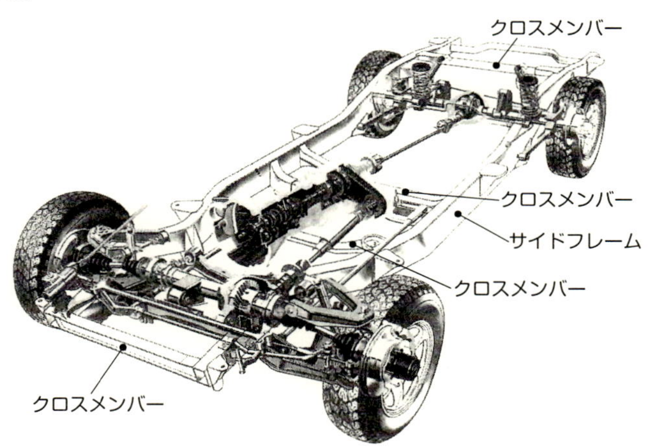

ペリメーターフレームを使用した例

トヨタ・クラウンでモノコックボディとペリメーターフレームが共用された例。ペリメーターフレームだけでは強度が低いが、モノコックボディと組み合わせることにより十分な強度を確保している。こうすると、タイヤからの入力が比較的柔らかいペリメーターフレームを介してからボディに入るということで、乗り心地が良いというメリットもある。

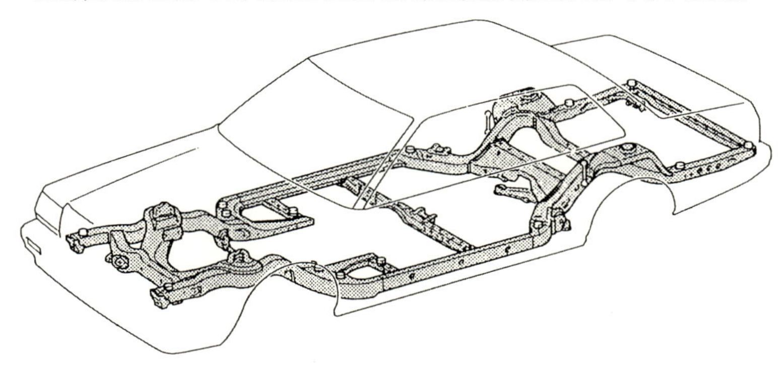

POINT
◎ラダーフレームは単純で丈夫だが、重くなり乗用車には向かない
◎トラックや4WD車では、丈夫さがメリットとなりまだ使われている
◎ペリメーターフレームやバックボーンフレームなども場合により使われる

安全性とボディの構造

サスペンションが仕事をするためには、良いボディやフレームが必要なことはなんとなくわかりました。では、ボディをがちがちに固めれば素晴らしい走行性能のクルマができるのでしょうか。

ボディ剛性の話が出たところで、ボディ剛性と安全性の話に触れておきます。「ボディ剛性が高いほど安全」と、なんとなく思ってしまいがちですが、実際はそうでもありません。ボディ剛性とは、壊れるほどではない外力レベルでのボディの変形（弾性変形）のしづらさを指すと考えられ、**剛性**が高いとは、走行中ボディに入る力による変形量が少ないことをいいます。

◩ボディ強度が高いと危ないクルマ?

それに対して**ボディ強度**という言葉があります。これは衝突などの際に大きな外力がボディに入ったときの壊れにくさを指します。剛性と強度は必ずしも一致しませんが、強度の高いボディは剛性が高い傾向にあります。

それではボディ強度は高ければいいのか？　というと、安全性を考えたときには、そうとも言い切れないのです。衝突した場合は、適度に車体がつぶれて衝撃を吸収することが大事です。そうしないと、クルマが衝突したときの強い衝撃が、搭乗者に直接伝わってしまいます。クルマが適度につぶれることによって、乗員を守ることができるのです。

またクルマの前後方向にある程度の空間を持たせて、正面衝突などをした際に、フロントにあるエンジンが後ろに押されても室内に飛び込んでこないような空間がつくられています。これらを**クラッシャブル構造**といいます（上図）。

◩人間がいる空間は強度が高いことが重要

逆に、搭乗者のいる**キャビン**は頑丈にして、生存空間を確保する必要があります。とくに横方向衝突の場合は、つぶれて衝撃を吸収するスペースを設けることが難しいので頑丈につくる必要があります。ドアの中には**ドアビーム**（サイドインパクトビーム）と呼ばれる梁が設けられて、側面衝突時の安全が保たれています（下図）。それと合わせて、シートベルト、フロントエアバッグやサイドエアバッグが乗員を保護するというのが現代のクルマです。

サスペンション性能や走行性能を考える場合、同時に安全性のことを考えなければいけません。弱くてもいいところや頑丈でなければいけないところなどを勘案したうえで、サスペンションを支えるボディがつくられているのです。

モノコックボディのクラッシャブル構造

モノコックボディにしても、ただ剛性や強度を上げているだけでなく、安全性を考えたクラッシャブル構造を採用している。フロント部はつぶれビードを設けることで衝撃吸収構造とし、衝撃の逃げ道をつくる。キャビンは生存空間となるためにしっかりと強度を保っている。それを前提に、走りのためのボディ剛性も勘案される。

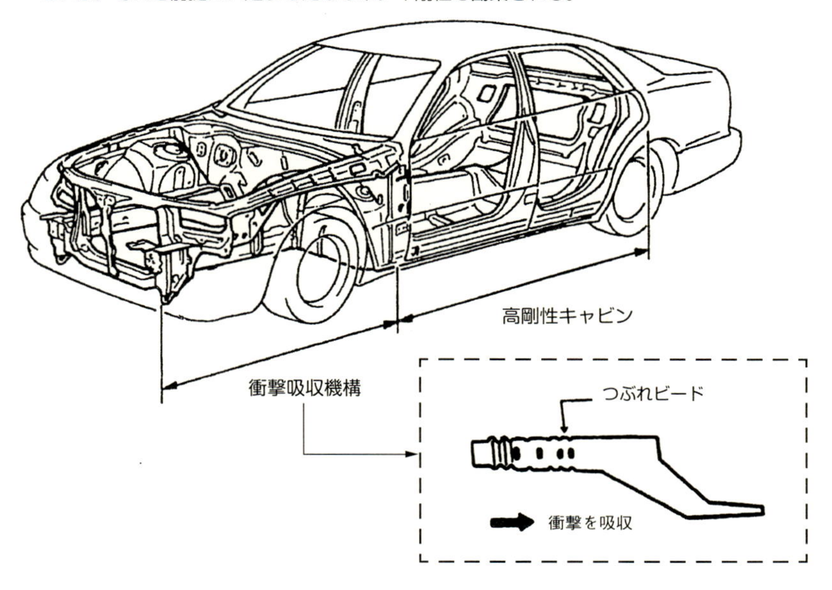

乗員を守るためのドアビーム

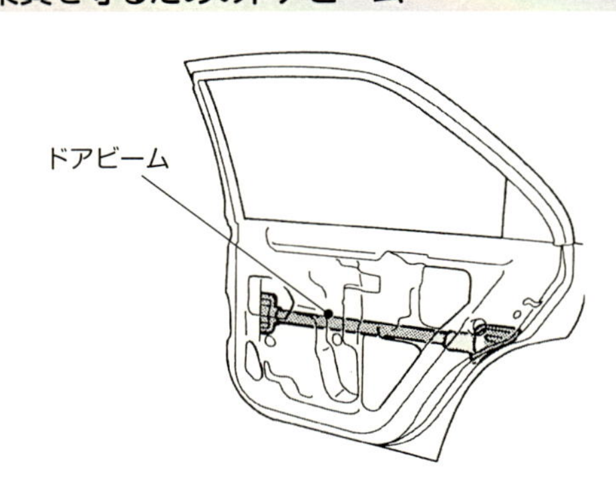

クルマのサイド部分は前後に比べるとスペースがなく、クラッシャブル構造にできない。そのため、まずはドアビームで乗員を保護する。そのうえでサイドエアバッグなどを設けることでキャビン内部を保護している。

POINT
◎クルマのボディやフレームは硬ければいいというわけではない
◎衝突安全性を考えた場合には、壊れやすい部分も必要となる
◎走行性能だけでなく、衝撃吸収や乗員保護を考えているのが現在のクルマ

ボディとサスペンションメンバー

モノコックボディはそれのみでも強度を確保しているのに、サスペンションメンバーを装着していることがあります。どういった場合に、そういうパーツが必要になるのですか？

30頁で、現在の乗用車の**フレーム**は**モノコックボディ（モノコック構造）**が主になって、車体の**剛性**を確保していると述べました。ただし、強度や剛性が不足する部分では、31頁の下図で示したように**サスペンションメンバー**を介することがあります。この点について、もう少し解説することにします。

◩サスペンションメンバーを使うのもケースバイケース

まず、サスペンションメンバーは必ず装着されるわけではありません。剛性の問題を抜きにして、コストという面で考えれば、モノコックボディにサスペンションのアーム類の取付部をつくっておき、直接付けるという方法もあります（上図）。

その方が余分なパーツが少なくてすむので合理的といえます。サスペンションに加えて、エンジンやミッションのマウント部もボディに取り付けてしまうとさらにパーツ点数は少なくてすみます。この部分も操縦性に影響します。

ただし、これは軽量であまりパワーのないクルマについていえる話で、取付部の強度がそれほどなくても、操縦性や強度に影響がない場合に成り立つといえます。

◩サスペンションメンバーは取付部と補強材を兼ねる

ある程度の車重があるクルマで、しっかりとしたサスペンションの動きを確保するためには、やはりサスペンションメンバー、あるいは**サブフレーム**と呼ばれるパーツが必要とされます。イメージとしては、モノコックボディと**ペリメーターフレーム**（32頁参照）の前部や後部だけを取り付けたという考え方もできます。

それらは、サスペンションの取付部であると同時に、モノコックボディの補強材としての役割も果たします。現に**クロスメンバー**というものはボディの開口部に付けて、その部分の強度を上げる役割を担っています。それらは、直接ボディにボルト留めされることもあり、剛性という面では高くなります。しかし、そのままだとボディに振動が伝わり、乗り心地が悪くなったり居住性が落ちることもあるので、防振ゴムを介して付けられることもあります。

とくにフロント部に採用される場合には、サスペンションの他に、エンジンやステアリング系がまとめて取り付けられることになり、サスペンションメンバーの剛性に頼る傾向が高くなります（下図）。

サスペンションメンバーなしのボディの例

軽量かつ廉価を狙ったクルマでは、サスペンションメンバーなしでモノコックボディに直接サスペンション機構が取り付けられることもある。図はかつてのトヨタ・ターセル/コルサのもの。いわゆる大衆車ではこういう構造も可能。

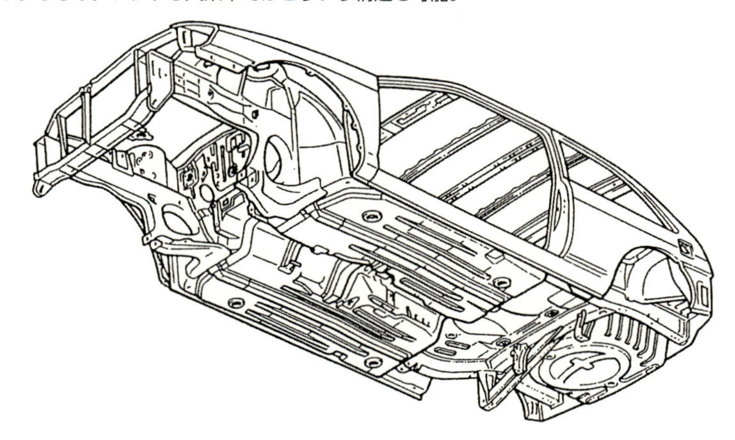

フロントサスペンションメンバーの構成

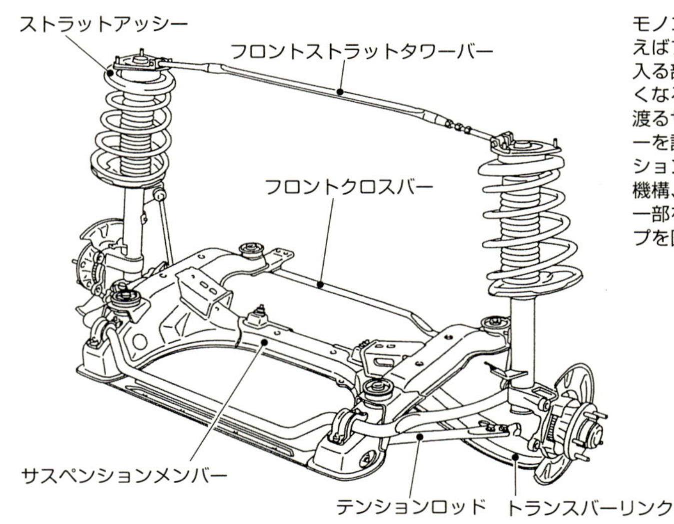

モノコックボディでも、例えばフロントのエンジンが入る部分では開口部が大きくなる。そのために左右に渡るサスペンションメンバーを設け、そこにサスペンション機構やステアリング機構、エンジンマウントの一部を持ってきて剛性アップを図るのが一般的。

POINT

◎モノコックボディは、それだけでは剛性や強度に不足が出ることがある
◎それを補うために、サスペンションメンバーが設けられる
◎クルマによっては、サスペンションメンバーなしで成り立つこともある

ボディのねじれとサスペンション

モノコックボディやサスペンションメンバーで剛性を高めることはわかりましたが、そもそもどうして剛性を高めなければいけないのか、その理由を詳しく教えてください。

次章からは、サスペンションそのものについて解説していきますが、その前に認識しておいていただきたいのが、どんなに高性能なサスペンションを装着していても、土台となる**ボディ**や**フレーム**がしっかりしていなければ効果は半減してしまうということです。

逆にいえば、最新式のサスペンションでなくても、**ボディ剛性**がしっかりしていれば、クルマはけっこういい走りをしてくれるということでもあります。

◩クルマが走っているときにボディは変形している

クルマが走っているとき、ボディは目に見えなくても変形しています。とくにコーナリング時はタイヤが遠心力と摩擦力によって大きな力（**横力**）を受け、それがサスペンションに伝わります（上図、24頁参照）。

ボディがサスペンションの土台ですから、ボディが動かない前提でサスペンションはつくられています。いくらサスペンションが精巧につくられていたとしても、ボディが動いてしまうと、設計どおりの動きをしませんし、その結果タイヤの接地が不十分になったり、不安定になってしまいます。

そこで、今まで説明したような**モノコックボディ**が発達してきたり、それでも不足する分を**サスペンションメンバー**（**サブフレーム**）や**補強バー**などで補うようにしてきたわけです。つまり、ボディ剛性を高めています（下図）。

◩剛性が高いとしっかり感や接地性が高くなる

こうすると、走ったときの「ステアリングフィーリングの向上」や「しっかり感」が出てくるようになります。かつての国産車は、ボディ剛性という面ではあまり気をつかっていなかったといえます。それは走行のためのサスペンション性能を求めるというよりは、柔らかな乗り心地を求めるユーザーが多かったという側面があったからです。

ただ、ドイツなどからボディ剛性の高いクルマが輸入されてくるにつれて、国産車との走りの差が指摘されるようになってきました。ドイツではアウトバーンと呼ばれる、区間によっては速度無制限の高速道路があるので、ボディ剛性の低いクルマでは、安心して高速で走ることができないという必然性があったからといえます。

横力の作用

タイヤには、コーナリング中に横力が作用している。サスペンションを通して横力が伝わると、剛性が低い場合、図のようにサイドメンバーなどのねじれが発生することがある。こうなるとサスペンション性能以前の問題となってしまう。

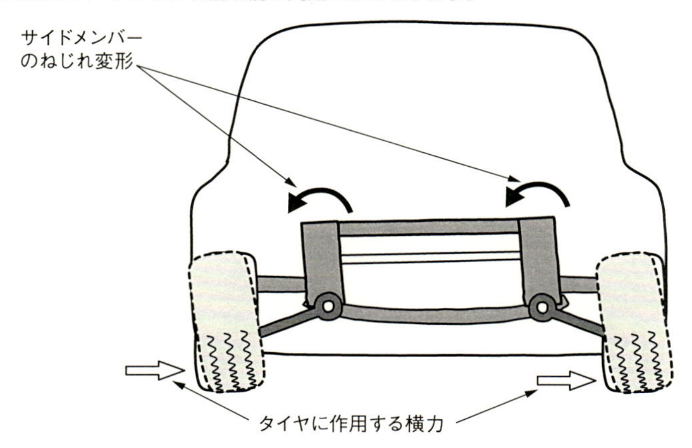

サスペンションメンバーと補強バーで剛性を高めた例

ボディ剛性を高めるのにサスペンションメンバー(サブフレーム)は効果的。図の例ではさらに補強バーを前後に入れることにより、剛性を高めている。こうすることにより、タイヤに強い横力がかかっているときのサスペンションの正確な動きを支える土台(ボディ)としている。

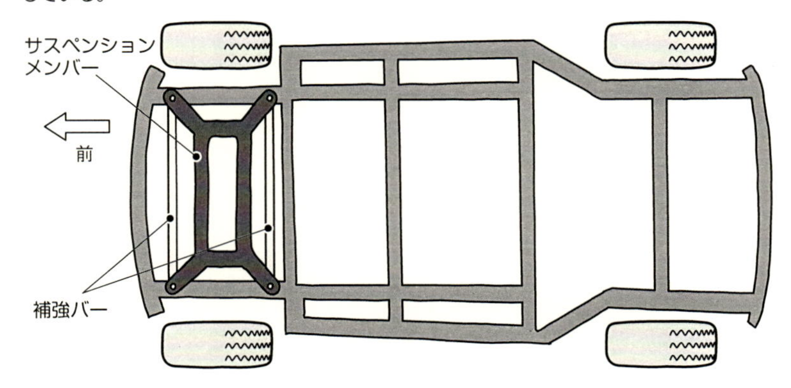

POINT
◎頑丈そうに見えるボディも、走行中は絶えず変形したりねじれたりしている
◎変形が大きいと、サスよりもボディのせいでタイヤの接地性が不安定になる
◎剛性の高いサスペンションメンバーや補強バーでそれを補うことができる

COLUMN 2

ボディを補強することで

剛性を上げるメリット、デメリット

クルマはシャシーが大事ですが、現代では、ボディもほぼ同じ意味を持つと言っていいでしょう。「ボディを固める」というのは、モータースポーツなどでは比較的よく行なわれるチューニングです。簡単なものとしては、サスペンションの左右のストラットアッパーをつなげるストラットタワーバーというパーツの装着があげられます。

頑丈そうなボディでも走行中にはたわんでしまうことがありますから、ストラットの取付部が動いてしまうと、性能が十分に発揮できません。そこでサスペンションの上部（ボディ上部の左右という言い方もできますが）をバーでつなげることで剛性を保とうというわけです。上部をつなぐと今度は下部が気になります。そこで左右のロワアームの付け根をつなぐロワアームバーもアフターパーツとして設定されていることがあります。

室内にジャングルジムのようにロールケージを張り巡らせるのも、安全性の確保が第一義ですが、ボディ剛性を上げるという意味合いもあります。例えば6点式と言われるものは、車室内の左右のフロント、センター、リヤをつなぎ、さらにそれぞれを縦方向につないでいますから、ボディ剛性アップという意味でも大きくなります。

ちなみに6点式は、モータースポーツで考えると最低限の点数です。リヤ部のロールバーをX状につなげたり、ドライバーの横を保護するようにフロントとセンターをつないだりすれば、それだけ剛性も高くなります。

これらは良いことばかりというわけでもありません。まず重量の問題があります。ロールケージは安全性第一ですから、重くなってもドライバーが守れればいいという面もありますが、やはり重いということはクルマにとっては負担になります。もう1つクラッシュした場合です。先ほど述べたストラットタワーバーでもそうですが、左右がつながっているということは、片側がぶつかっただけなのに、もう片側にもダメージが及ぶということになります。

第3章

サスペンション形式

The form of the suspension

車軸懸架式と独立懸架式の特徴

トラックやバスなどの大型車、乗り心地を重視した高級車、経済性優先の軽自動車では、採用するサスペンション形式が大きく異なるように思いますが、実際はどうなっているのですか？

◪車軸懸架式はシンプルだが、欠点もある

クルマで一番シンプルなサスペンションは、左右輪を1本の**車軸**（**アクスル**）でつないだものです。これを**車軸懸架**（**リジッドアクスル**）**式**サスペンションと総称します。アクスルとフレームの間に**スプリング**を介することでタイヤからの衝撃が直接ボディに伝わるのを防ぐようにするわけです。ただ、スプリングだけでは振動がいつまでも収まらないために**ショックアブソーバー**を合わせて装着しています（上図のリヤ側）。

この形式は、シンプルで丈夫というメリットがありますが、後述するように左右がつながっているため、常に両輪が連動して動いてしまうのが欠点です。また、駆動輪でない場合には、左右がつながっている意味もありません。そこで、操舵をする前輪に**独立懸架**（**インディペンデント**）**式**サスペンションが採用されるようになりました（上図のフロント側）。

◪車軸懸架式、独立懸架式の路面接地性

ここで、車軸懸架式、独立懸架式それぞれのサスペンションが、路面状況によってどのような動きをするのか見てみます。下図の①は車軸懸架式、②は独立懸架式のクルマで、片方のタイヤが道路の突起に乗り上げた状態を示しています。

①は片方のタイヤが持ち上がっただけでボディ（車体）全体が傾いています。この場合、当然乗っている人も左右に揺すられることになります。

これに対して②は、突起に乗り上げた方のタイヤは持ち上がっていますが、ボディ全体には影響が出ていません。これは、左右のタイヤが独立していて、おのおの自由に動くことができるためです。このイラストは多少大げさに表現していますが、車軸懸架式と独立懸架式の違いを理解するには良い例です。

車軸懸架式は左右を堅固な車軸（アクスル）で結んでいて、重い荷重や衝撃に耐えられるためトラックやバスなどの大型車のほか、悪路走破性が求められる4WD車の後輪に、独立懸架式は多くの乗用車に用いられています。

なお、本書では、これ以降「車軸懸架式」のことを「リジッドアクスル式」と記述していくことにします。

前輪=独立懸架式、後輪=車軸懸架式の例

車軸懸架式はバネ下重量が大きくなるものの、強度・耐久性・悪路走破性に優れている。一方、独立懸架式はバネ下重量が軽く、操縦安定性やタイヤの接地性も優れている。このため、SUVの中には前輪に独立懸架式、後輪に車軸懸架式を採用しているものもある。

車軸懸架式と独立懸架式

①車軸懸架式

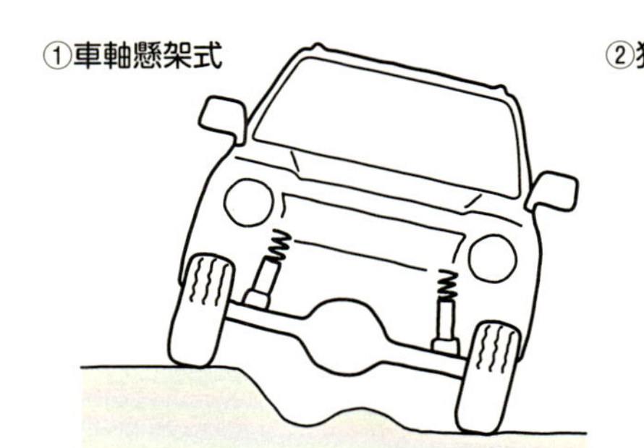

左右が車軸(アクスル)でつながっているために、路面が傾いていると車体も傾くことになる。

②独立懸架式

路面が傾いても左右のサスペンションが別々に動くことで車体の傾きが少なくなる。また、キャンバー角(前から見たときの左右方向への傾き)の変化が少ない。

POINT

◎サスペンションには車軸懸架(リジッドアクスル)式と独立懸架(インディペント)式があり、路面接地性に差が出る
◎性能、コストなどにより個々のクルマに相応しいサスペンションが装着される

リーフ式リジッド

トラックなどを後ろから見ると、鉄板を束ねたような板状のバネが見えることがあります。昔は乗用車にも使われていたと聞きました。あまりカッコよく見えないのですが、どんな特徴があるのですか。

リーフ式リジッドは板状の鋼板などを複数枚重ねてスプリング（**リーフスプリング、重ね板バネ**）として用いるもので、左右の**アクスル**が**剛結**※されているタイプのサスペンション形式です。昭和40年代には、乗用車のリヤサスペンションでも一般的な形式でした。

◪アームやリンクがなくても成り立つシンプルさがメリット

フレームと接続するために、一番フレームに近い側のリーフの端が丸く加工されていて、この部分を**スプリングアイ**と呼びます（上図）。これがフレームとつながるわけですが、その間には**シャックル**というフレームとスプリングの間を取り持つパーツがあります。**板バネ**がたわむとスパンが変化しますが、それをシャックルが吸収します（下図）。

メリットは何といってもシンプルなことでしょう。フロントに採用される場合は、転舵の際に可動するナックルを1本のアクスルでつなぎ、スプリングは左右のタイヤに近い側とフレームを連結します。リヤの駆動輪に使用される場合には、フレームにリーフスプリングを取り付け、そこにデフとドライブシャフトを内蔵した**ホーシング**を止めてしまえば成り立ってしまいます（下図）。

リーフスプリングは、スプリングがたわんだときに、重ねた鋼板の**板間摩擦**が発生し、本来ショックアブソーバーの役割である**減衰作用**も発生するという副次的なメリットもあります（28頁参照）。

◪リーフスプリングは乗り心地に難はあるが、メリットもある

デメリットは、**コイルスプリング**（74頁参照）に比べると重く、乗り心地が悪くなってしまうことです。また、この方式だとアクスルで剛結されていますから、片方のタイヤの動きがもう片方のタイヤの動きに影響してしまうというデメリットもあります。これは次項以降で説明するコイルスプリング式のリジッドでも同じです。

メリットとなり得る板間摩擦の**減衰力**は異音の発生元となり、居住性という面でも現代的ではありません。とはいっても、バネ上荷重が圧倒的に重くなるトラックやバスなどでは、事実上問題となりませんし、構造がシンプルで頑丈につくれるために、まだまだ大型貨物車のサスペンションとしては健在です。

※　剛結：モーメントを伝えない結合のしかたで、結合部が回転しない

リーフスプリングの構造

リーフスプリングは板状の鋼板を束ねた形となる。鋼板の硬さ、重ねる枚数によって、スプリングレート(28頁参照)が変わってくる。スプリングの端にはスプリングアイがあり、下図のシャックルとつながる。

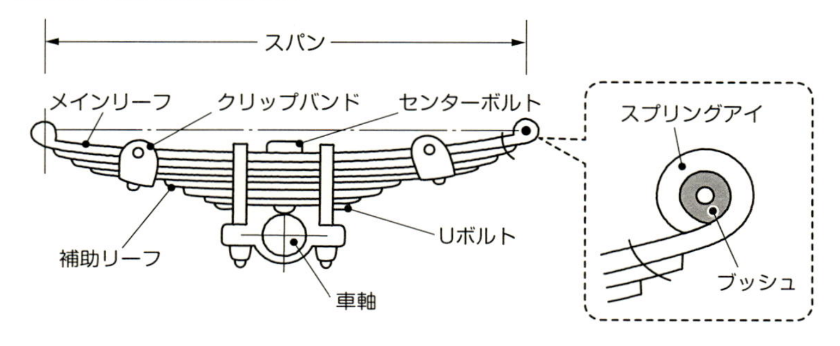

リーフ式リジッドを採用したリヤサスペンション

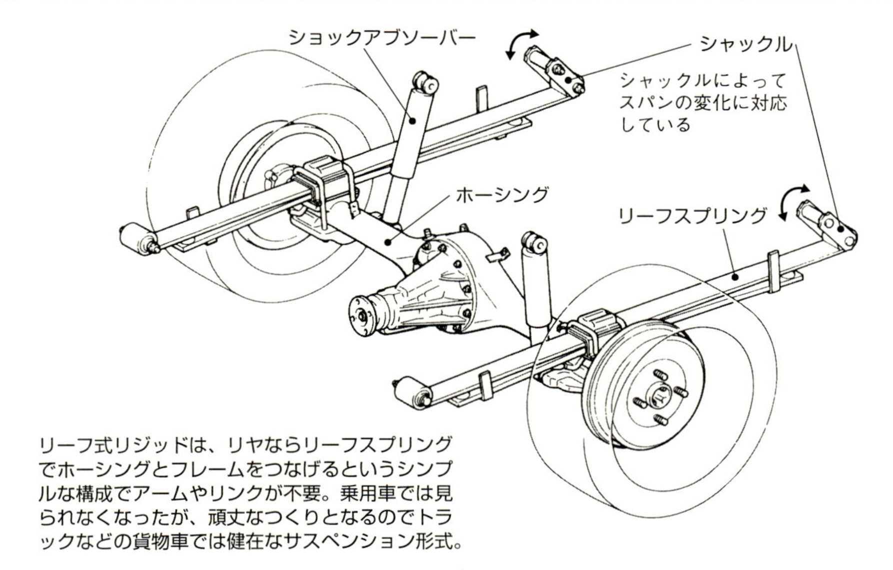

リーフ式リジッドは、リヤならリーフスプリングでホーシングとフレームをつなげるというシンプルな構成でアームやリンクが不要。乗用車では見られなくなったが、頑丈なつくりとなるのでトラックなどの貨物車では健在なサスペンション形式。

POINT
◎リーフ式リジッドサスペンションは、アームやリンクが不要なシンプルさが特徴
◎リーフスプリングは頑丈で、板間摩擦により減衰力も発生する
◎乗り心地の悪さや異音の発生などが、デメリットとしてあげられる

5リンク式リジッド

現在のリジッドアクスル式サスペンションは、コイルスプリングを使っているものが多く、5リンク式とか4リンク式サスペンションといわれていますが、それはどのようなものなのですか。

コイルスプリングを使用したサスペンション形式では、駆動輪に使用する場合、**アーム**や**リンク**がないと成り立ちません。駆動輪には、エンジンからの動力を伝える**デフ**があります。**ホーシング**はコイルスプリングだけでは支えられないので、タイヤを回転させようとすると、その反力でデフ本体が逆回転してしまいます。前項で解説した**リーフ式リジッド**でそうならないのは、**リーフスプリング**のたわみには回転を抑える力があるからです。

◩5リンクはホーシングを前後左右から支えるために必要

デフ本体の回転を抑えるためには、ホーシングを上下から支えるアーム（リンク）が**アクスル**のタイヤ側に4本必要になります。

これでデフの回転は抑えられますが、まだ左右方向は支えられません。そこで**ラテラルロッド**と呼ばれるホーシングとボディを横から支えるリンクを1本使います。これで**5リンク**です（上図、下図）。ただ、ラテラルロッドはメーカーによって勘定に入れない場合もあり、この場合**4リンク**と呼ばれます。

注意を要するのは、後に説明する**マルチリンク式**（64頁参照）を4リンク、5リンクなどと呼ぶ場合もある点ですが、ここで説明するのはあくまでも**リジッドアクスル式**の5リンクとなります。

◩コイルスプリングを利用して、乗り心地の微調整が可能な形式でもある

このサスペンション形式はリーフ式リジッドに比べると複雑にはなりますが、何といってもしなやかなコイルスプリングを使用できるのが特徴で、**スプリングレート**も線径や巻数で微妙に調整できますから（74頁参照）、スポーティな味付け、ラグジュアリーな味付けと好みのものがつくりやすいといえるでしょう。

デメリットとしては、やはりリジッドアクスル式ですから、ホーシングがサスペンションと一緒に上下動をします。リーフ式リジッドに比べるとしなやかに動く傾向となりますが、バネ下重量が重くなることや、左右の動きが連動してしまうということではリーフ式リジッドと同じです。

独立懸架式のようにコーナリング時の**ジオメトリー変化**※を利用してコーナリング性能を向上する工夫を凝らすこともできません。

※　ジオメトリー変化：コーナリング中に横力が入ると、ブッシュのたわみなどでジオメトリー（96頁参照）が微妙に変化してコーナリングをスムーズに行なわせる

5リンク式リジッドサスペンションの構成

ホーシングをアッパーコントロールリンク、ロワコントロールリンク、ラテラルロッドで支えて、コイルスプリングを使えるようにした5リンク式リジッドサスペンション。

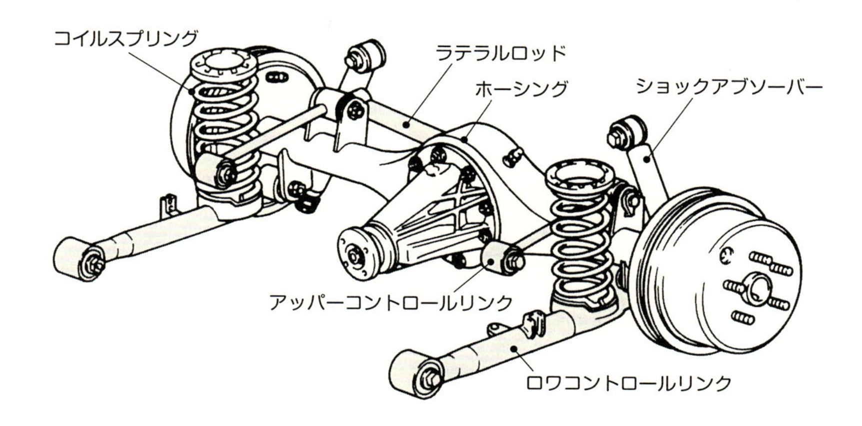

ラテラルロッドの役割

ラテラルロッドは、アクスルとボディを結ぶロッド(棒)で、主に横方向の動きを制限してアクスルとボディの位置決めをする。

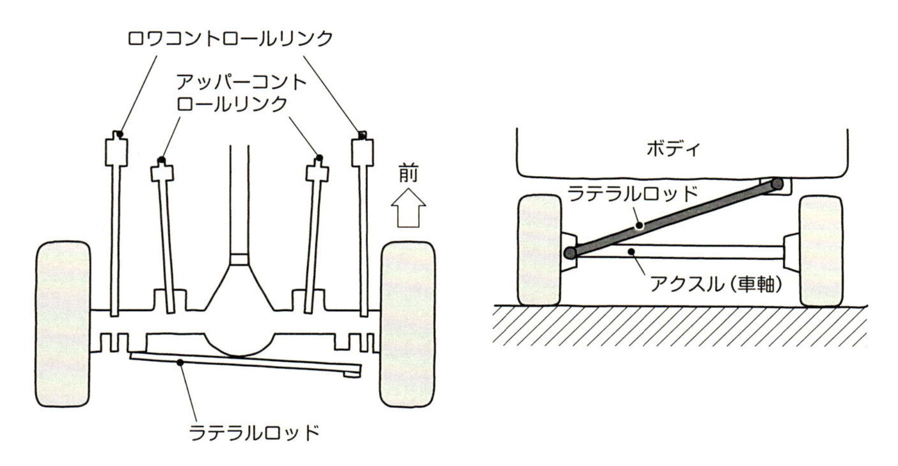

POINT
◎5リンク式リジッドはホーシングをリンクで縦方向と横方向から支える形式
◎コイルスプリングが使用できるために、乗り心地が良くなる
◎バネ下重量やサスペンションの動きが左右に影響するデメリットは残る

3リンク式リジッド

リヤ駆動でコイルスプリングを使ったリジッドアクスル式サスペンションは、5リンク(4リンク)だけしかないのでしょうか。イメージ的には、もう少し簡単な構成のしかたがあるようにも思えるのですが。

リヤに**ホーシング**(リヤデフ)があるサスペンションで重要なことは、**デフ**がしっかりとタイヤに駆動力を伝えられるかどうかです。それさえ果たせるのであれば、よりシンプルな形式も成り立ちます。

3リンク式リジッドは、**アクスル**を縦方向に支える2本のリンクと横方向に支える1本のリンク(**ラテラルロッド**)からなるサスペンション形式です。前項の**5リンク式リジッド**は、デフを抑えるために、上下にリンクを必要としました。

◩工夫によって駆動輪に3リンク式リジッドを使った例もある

3リンク式リジッドではデフの動きを固定するために、**トルクチューブ**というパーツを使用するなどの方法が採用されます。トルクチューブは、デフとつながるロッドをフレーム(ボディ)の一部に固定する役割を持つものです(上図)。

具体例としては、かつていすゞの乗用車、ジェミニやピアッツァに用いられました。トルクチューブがボディ後半部につなげられていたために、急発進をするとリヤが持ち上がってしまうという特徴がありました。本来はリヤが沈み込んでトラクションを受け止める方が合理的なので、これはデメリットといえるでしょう。ラリーなどで、上り坂で急発進しようとするとなかなか前進しないという話もありました。

◩スズキではI.T.Lという独自の3リンクを採用している車種もある

スズキでは、自社の3リンク式サスペンションをI.T.L(アイソレーテッド・トレーリング・リンク)と名付け、FF車や4WD車のリヤに用いてきました。これは縦方向を支えるリンク(トレーリングリンク)とホーシング(アクスル)の連結の仕方に独自性を持たせて位置決めをし、左右方向はラテラルロッドを使用して位置決めしています(下図)。これによって、リヤの駆動輪に用いた場合、駆動力をかけてもアクスルを固定できるのです。

FF車のリヤなどに使用される場合には、駆動力が伝わるわけではありませんからデフもありません。となると、5リンクの上側のリンクの2本が不要になり3リンクで良いということになります。ただしこの場合は、よりコストが安く、しなやかなサスペンションとなる**トーションビーム式**(次項参照)があるので、あまり採用されることはありません。

いすゞのトルクチューブ付き3リンク式リジッド

いすゞのFR車に用いられた、トルクチューブ付き3リンク式リジッドサスペンション。トルクチューブがデフとつながり、アッパーリンクの代わりをしている。

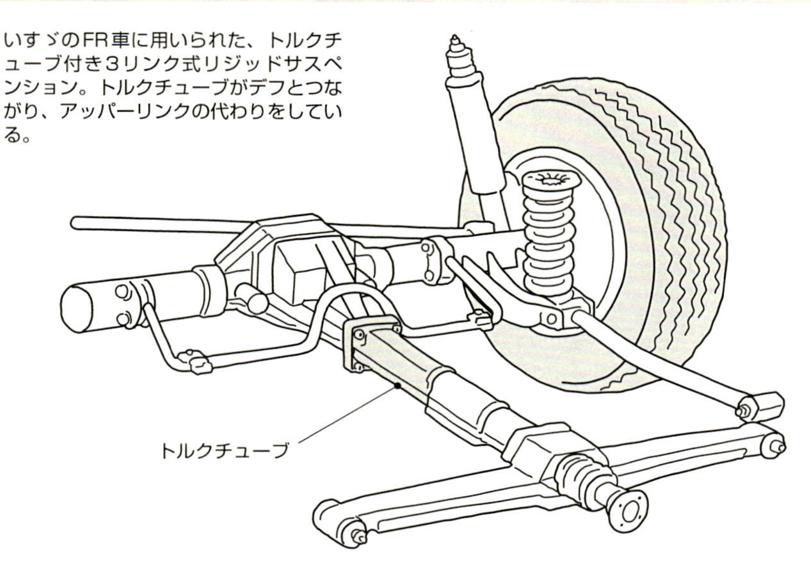

スズキの3リンク式サスペンション(I.T.L方式)

スズキはI.T.Lサスペンションと名付けた独自の3リンク式をリヤに採用している。シンプルな形式で駆動輪の3リンクを成り立たせている。

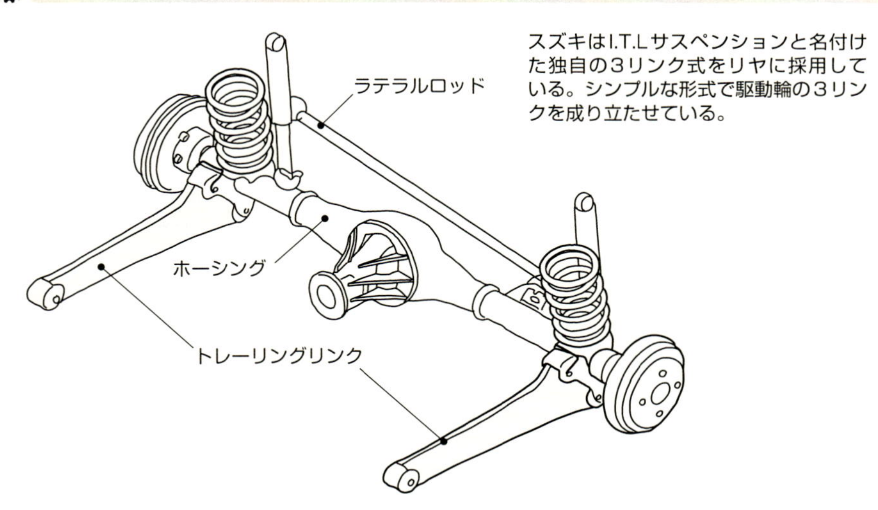

POINT

◎リヤサスペンションとして、3リンク式リジッドが採用される場合もある
◎駆動輪として使用するときには、デフをしっかり支持する構成が必要となる
◎非駆動輪でも使えるが、現在ではトーションビーム式がコストも性能も上

トーションビーム式

カタログなどで、コンパクトカーのリヤサスペンションを見るとトーションビーム式と書いてあることがあります。これはリジッドアクスル式の意味なのでしょうか？

現在のクルマは**FF**が中心です。FF車の多くのリヤサスペンションは、**トーションビーム式**を使用しています。このサスペンション形式は、**リジッドアクスル式**サスペンションの中でも工夫が凝らされたものだといえます。

◪トーションビーム式はシンプルでコストもかからない

まず、シンプルでコストが抑えられて軽量という特徴を持つのが好まれる理由です。形状は、左右のタイヤが装着される**トレーリングアーム**がボディ側から後方に伸び、その後端が1本のビームで結ばれるという形になっています。

このビームは**車軸（アクスル）**となるのですが、独立懸架ではないものの、ある程度柔構造になっており、単純にリジッドアクスル式と言い切れないため**半独立懸架式**ともいわれます。左右方向は**ラテラルロッド**で位置決めします。

ビームの断面はコの字型やU字型になっており、片方のタイヤの動きに、もう片方のタイヤの動きが影響されるものの、ホーシングで連結されたものに比べればしなやかに路面に追従します。剛性アップのために、ビームの中に**トーションバー**が内蔵される場合もあります（上図）。

FF車のリヤに**ストラット式**（56頁参照）や**ダブルウイッシュボーン式**（62頁参照）を使用して高性能を得るという方法はありますが、これらのサスペンションは重くてコストも高くなり、小型大衆車には向かない面もあります。とくに駆動を受け持たないFF車のリヤは、そこまでの性能を求めないともいえるでしょう。

◪FFのコンパクトカーのリヤに用いると真価を発揮する

実際に、トーションビーム式でも走行性能に不足を感じることはありませんし、コンパクトなスポーティ車にはもっとも向いているサスペンションといえます。

デメリットは、**アライメントの調整**ができないことです。ストラット式やダブルウイッシュボーン式は、**トー角**や**キャンバー角**を調整できるものもありますが（98頁参照）、トーションビーム式は一体式となっているために、それができません。せいぜいボルトの取付部のガタの分などで微調整する程度になります。例えばタイヤを何かに強くヒットしてアライメントがずれると、しっかりと修理するには、サスペンションごと交換しなければならないということにもなります（下図）。

トーションビーム式サスペンションの例

ボディ両サイドから後部に伸びたトレーリングアームをトーションビームでつないだのがこの形式の特徴。トーションビームはある程度の弾力を持っていて、ねじりの戻り作用を利用することができる。

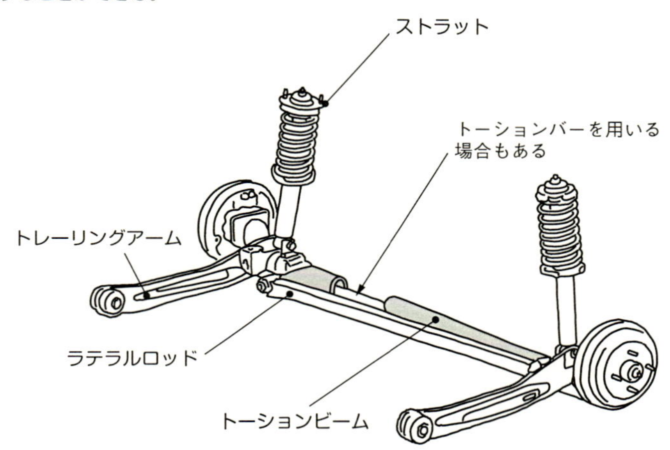

トーションビーム式はアライメント調整が効かない

トーションビーム式は、基本的にアライメント調整が効かない。例えば、リヤタイヤを縁石にぶつけたりして微妙に足回りが曲がった場合、アライメント調整が効くストラット式なら調整ですむ場合もあるが、トーションビーム式は「まるごと交換」となる場合が多い。

POINT
◎トーションビーム式は、FF車のリヤでもっとも多く使われている形式
◎シンプルでコストが安く、軽量という特徴を持っている
◎重量車では剛性が不足するのと、アライメント調整が効かないのがデメリット

ド・ディオンアクスル式

リジッドアクスル式のサスペンションは、シンプルなつくりで頑丈でも、走行性能は低いというイメージがありますが、何らかの工夫をすることで性能を上げられないのですか。

リジッドアクスル式のサスペンションで工夫をした例として、**ド・ディオンアクスル式**（ド・ディオン式）があります。サスペンションは、**バネ下重量**を構成する部分でもあり（20頁参照）、ここが軽い方が乗り心地も操縦性も有利になります。

乗用車でリヤ駆動の場合には、エンジンからの駆動力を車輪に伝える**デフ**があります。リヤがリジッドアクスル式の場合には、サスペンションが動くと、このデフも一緒に上下します（上図①）。そうすると、サスペンションの軽快な動きを阻害してしまいますし、その分を想定したスプリングを使用しなければならないので、硬い乗り心地になってしまう傾向となります。

◩ド・ディオンアクスル式はバネ下重量を軽減できる

ド・ディオンアクスル式では、このデフをボディ側に固定しています。ただし、そのままではサスペンションが動きませんから、デフ側とタイヤ側に**ジョイント**を持つ**ドライブシャフト**を使用して動くようにします。しかし、左右のタイヤは鋼管製の**車軸**で結ばれていて、後に解説する**独立懸架式**のように別々の動きはしませんからリジッドアクスル式となります（上図②）。

この方式は乗り心地が良くなる半面、構造が複雑になり、部品点数も多くなることから、コストを高くできるスポーツカーや高級車に採用される傾向がありました（下図）。ちなみに日本で最初にこの形式を採用したのは、初代プリンス・スカイラインで、プリンス・グロリアでも採用され、当時の最新技術ともいえるものでした。その後、独立懸架式のサスペンションが普及すると、デフは固定のまま左右のサスペンションが連動せずに動かせますから、必要性は薄くなっていきました。

◩現在は軽商用車で見られることも

現在、この形式はリヤ駆動の軽トラックなどで見ることができます。具体的にはホンダのアクティなどがこの方式です。同車の駆動方式はMRで、デフはエンジンと一体で固定されています。もしこれを通常のリジッドアクスル式で成り立たせようとすると、エンジンまでバネ下重量の一部に組み込まれてしまいますから、現実的ではありません。デフを固定してドライブシャフトを使用し、荷物の積載を考えた場合には左右のタイヤを丈夫な鋼管製の車軸で結んで成り立たせている形です。

通常のリジッドアクスル式とド・ディオンアクスル式の動き

①のリジッドアクスル式では、サスペンションの動きによってデフが上下してしまい、路面への追従性に悪影響を与える。これに対して②のド・ディオンアクスル式では、デフはボディ側に固定となり、動くのはデフではなく車軸となるので、相対的には軽快に動くのが特徴。

①リジッドアクスル式

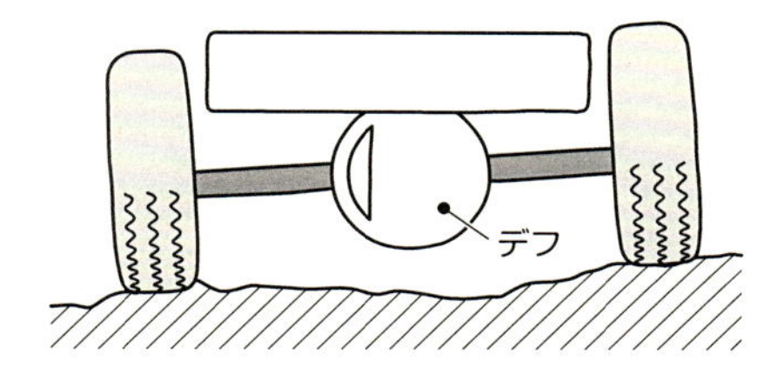

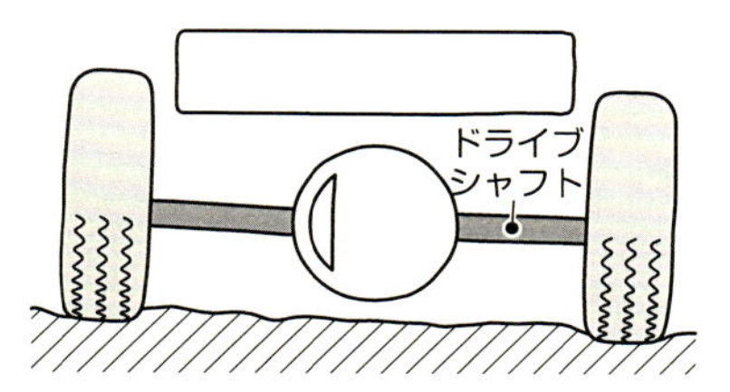

②ド・ディオンアクスル式

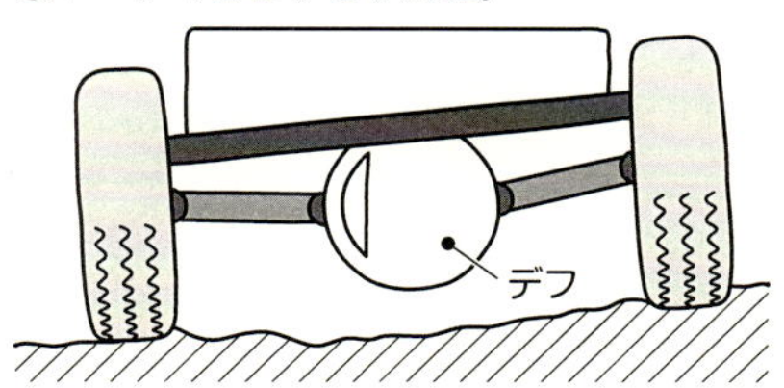

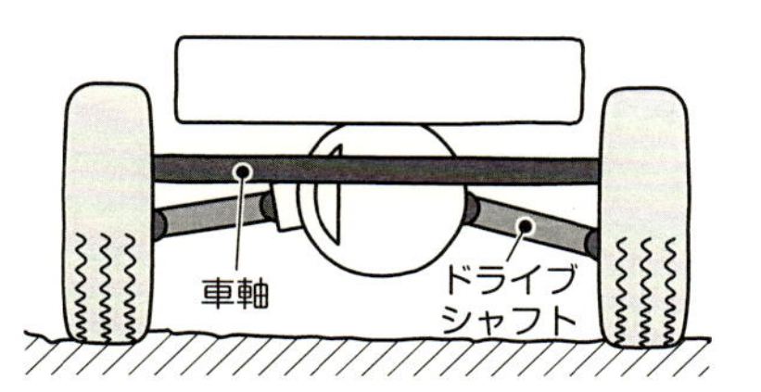

ド・ディオンアクスル式の構成(上から見た図)

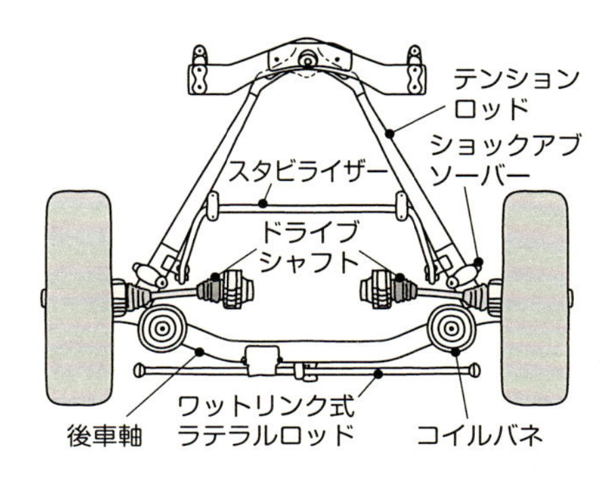

ド・ディオンアクスル式では、図のようにドライブシャフト(駆動軸)と車軸が別々になる。左右のドライブシャフトの間にデフが収まる。

POINT

◎リジッドアクスル式はデフでバネ下重量が重くなるというデメリットがある
◎ド・ディオンアクスル式はデフをボディ側に固定したサスペンション形式で、車軸があるためリジッドになるが、構造的には軽量となり性能が上がる

スイングアクスル式

独立懸架式というと、高級、もしくはスポーティなサスペンションというイメージがありますが、最初に登場した独立懸架式はどのようなものだったのですか。

プリミティブな**独立懸架式**として**スイングアクスル式**があります。この方式は、駆動輪に使用した場合、左右の**ドライブシャフト**と**ショックアブソーバー**、**スプリング**のみで成り立たせることができ、非常にシンプルなのが特徴です（上図）。かつてはポルシェ356やVWビートルのリヤサスペンションに、国産車でもいすゞベレット1600GTなどのスポーティカーに使用されました。

◪スイングアクスルは独立懸架式だがキャンバー変化が大きい

この方式は、ドライブシャフト（実際にはドライブシャフトが中を通るアクスルチューブ）がデフ側に**ジョイント**で結合され、タイヤ側はジョイントがなく**剛結**（44頁の注参照）となります。サスペンションは路面に合わせて動きますが、このときドライブシャフトのジョイントを支点としてタイヤが上下に動くことになります。

一方、タイヤ側は剛結しているため、サスペンションの動きによって**キャンバー角**（クルマを前から見たときのタイヤの左右方向への傾き）の変化が大きいという欠点があります（中図）。キャンバー角を含む**アライメント**については、第5章で詳解します。

◪FF車のリヤに用いて、キャンバー変化を減らした例もある

独立懸架式として、**バネ下重量**が軽く、コーナリング時などのタイヤの接地性は必ずしも悪いとはいえないのですが、例えば、ブレーキング時にフロントが沈み込みリヤが持ち上がるような状態になったときに、リヤのキャンバーが大きくポジティブに変化し（前から見たときに逆ハの字になる）、トレッドが狭くなると同時に、タイヤと路面の接地面も少なくなることから、不安定になりがちです。

同じく、スラロームのように大きく切り返すときにも、キャンバー角の変化の大きさから不安定になることが多く、次項以降で解説する本格的な独立懸架式が普及するにつれて姿を消していきました。

キャンバー変化に関しては、スイングアームを長くすれば小さくできることから、ホンダ1300のように非駆動輪（FF車のリヤ）に用いた場合に、トレッド長ほどの長さのあるスイングアームをX状に配置することにより、キャンバー変化を少なくした例もありました（下図）。

スイングアクスル式の構造

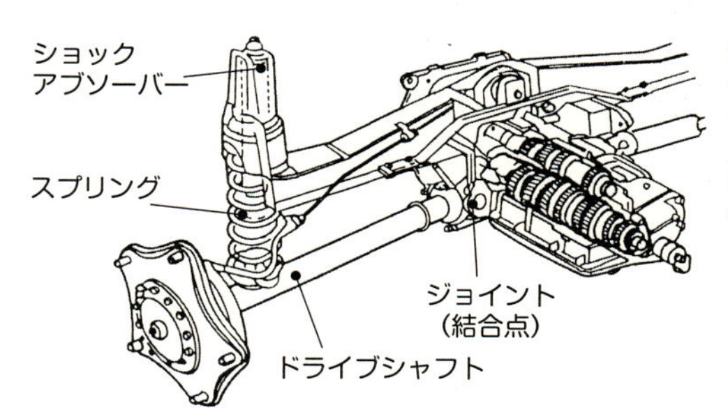

左右のドライブシャフトが車体中心付近で結合され、この結合点を中心に上下する。ドライブシャフト上にスプリングとショックアブソーバーを設置するという極めてシンプルな構造。

スイングアクスル式のデメリット

スイングアクスルは独立懸架式だが、突起などに片輪が乗り上げるとキャンバー変化が起きてしまう(左図)。また、ボディが伸びあがったときにはポジティブキャンバーとなってしまい(98頁参照)、トレッド幅も狭くなることから不安定になりがち(右図)。

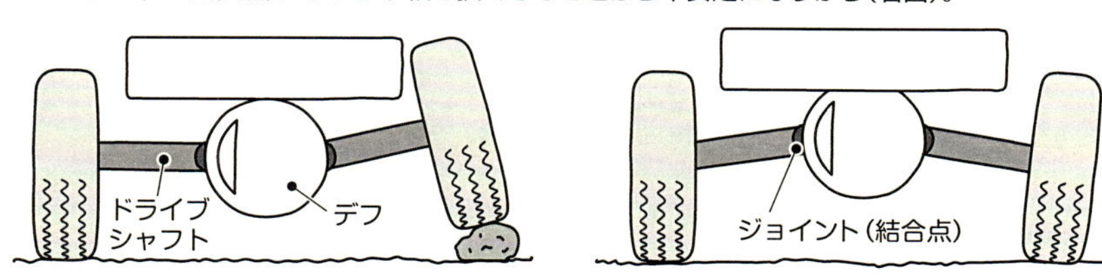

FF車のリヤにスイングアクスル式を用いたホンダ1300

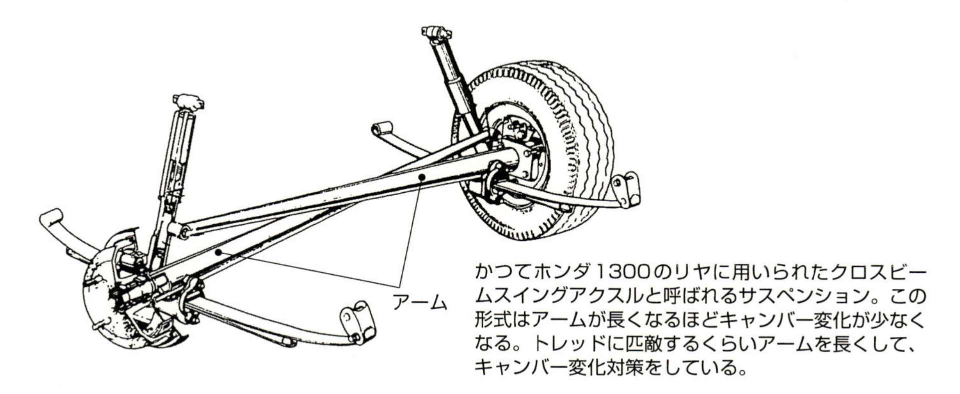

かつてホンダ1300のリヤに用いられたクロスビームスイングアクスルと呼ばれるサスペンション。この形式はアームが長くなるほどキャンバー変化が少なくなる。トレッドに匹敵するくらいアームを長くして、キャンバー変化対策をしている。

POINT
◎スイングアクスル式は一番原始的な独立懸架式
◎左右は別々に動くが車輪側にジョイントがないためにキャンバー変化が大きい
◎操縦性が不安定になる傾向があり、現在では見られなくなった

ストラット（マクファーソンストラット）式

「ストラット式サスペンション」という言葉をよく見聞きします。独立懸架式の代表的なものともいわれますが、どのようなサスペンションなのですか。メリット、デメリットを教えてください。

現在、独立懸架式の代表的な存在が**ストラット（マクファーソンストラット）式**サスペンションです。基本的には、ボディ側とタイヤ側を連結する**ロワアーム**、タイヤ側とボディ（タイヤハウス上部）を連結する**ストラット**から成るというシンプルな構成になります（上図）。

◪シンプルでスペースも取らずに独立懸架式にできる

ストラットは、文字どおりサスペンションを構成する「支柱」ですが、ここに**ショックアブソーバー**を内蔵し、その外側に**スプリング**をかぶせたような形式になっています。

62頁で説明する**ダブルウイッシュボーン式**では、上下にある程度の長さのアームが必要となるために、エンジンルーム内が狭くなりがちですが、ストラット式は上側のアーム（**アッパーアーム**）が必要なく、エンジンルームのスペースを広く取れるというメリットがあります。

フロントに採用した場合には、ステアリング機構のタイロッドエンドが回転機構を持った**ハブナックル**に連結され、転舵の軸になりますから、そういう点でも合理的です（112頁参照）。

リヤに採用された場合は、転舵の必要がないため、ストラットの前後をリンクで支持することもあります。前後方向の位置決めにはテンションロッドが合わせて使われますが、シンプルという点では同じです（下図）。

◪横力が入ったときに、ショックアブソーバーの動きが阻害されることもある

この方式は、独立懸架を少ない部品で成り立たせることができるため、コストの安さからも多くのクルマに採用されています。とくにフロント側については、市販車のサスペンション形式の主流となっています。

欠点としては、コーナリング時にサスペンションが**横力**を受けたときに、ストラットがショックアブソーバーを兼ねていることから、そこに力がかかり、サスペンションのスムーズな動きを妨げてしまうことがあります。そのためにスプリングをストラットの中心に対してずらして装着し、横力に対抗するような形で取り付ける工夫がされています（80頁参照）。

フロントに採用されたストラット式の例

フロントに採用されたストラット式サスペンション。基本はロワアームにストラット下部がつながり、上部はタイヤハウスにつながる。タイロッドはハブナックルとつながって転舵が可能となっている。

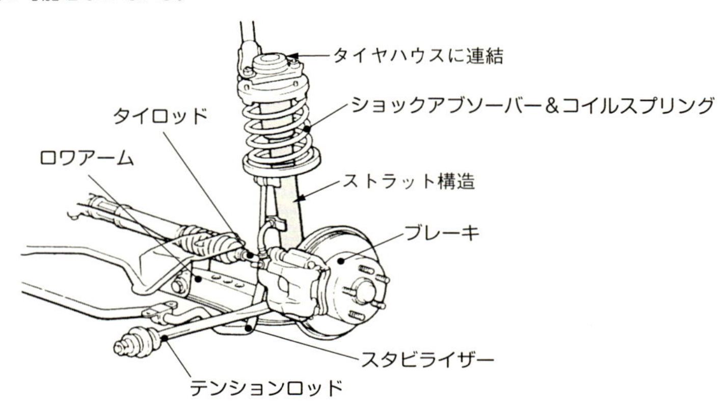

リヤに採用されたストラット式の例

リヤに採用されたストラット式サスペンション。図ではロワアームはストラットを前後から支えるようにパラレルリンクとなっている。

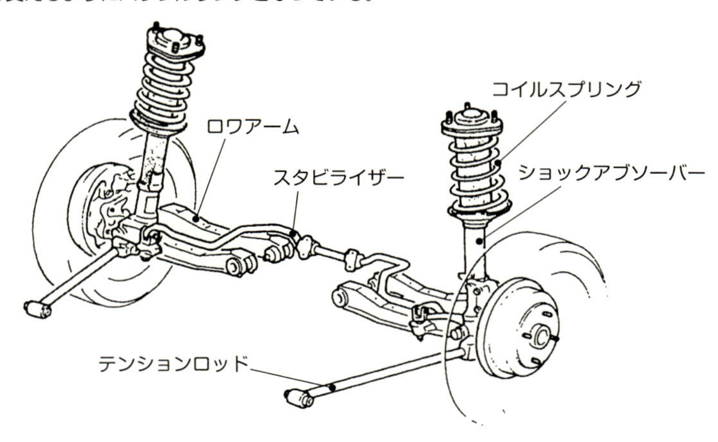

POINT

◎ストラット式は、もっともポピュラーな独立懸架式
◎ロワアームとストラットが基本パーツで、シンプルなのが特徴
◎コーナリングで横力を受けると、ショックアブソーバーに負担がかかる

トレーリングアーム(セミトレーリングアーム)式

「セミトレ式サスペンション」という言葉を昔はよく聞いた気がしますが、最近はなくなってしまったのですか。そもそもトレーリングアーム式というのはどのようなサスペンションなのでしょうか。

主にリヤサスペンションに用いられる代表的なサスペンションが、**トレーリングアーム式**です。リジッドアクスル式の**トーションビーム式**サスペンション(50頁参照)もトレーリングアーム式の一種ですが、ここでは独立懸架式だけを対象とします。この方式は、ボディ、もしくはメンバーを介して後ろに向けてアームが伸び、タイヤにつながります(上図)。

◩トレーリングアーム式はキャンバー変化の少なさと乗り心地の良さが特徴

トレーリングアーム式には、**フルトレーリングアーム(フルトレ)式**と**セミトレーリングアーム(セミトレ)式**という2つの方式があります。前者は、アームピボットが車体中心線に対して直角になっています(上図、下図①)。

サスペンションが動いても、キャンバーやトレッドの変化がないということではリジッドアクスル式と同じですが、左右のアームは連動していないために乗り心地は良い傾向となります。また突起を乗り越えたときに、タイヤが後退するように動くために、衝撃を柔らかく受け止めるという特徴もあります。

前輪にこの方式を使った例もありますが、**キャスター変化**(102頁参照)が大きく、直進安定性に影響が出ることや、ブレーキング時の**ノーズダイブ**(144頁参照)が大きいというデメリットがあるために、主にFF車のリヤサスペンションに使われてきました。ただ、その場合、トーションビーム式の方が簡易で、性能的にも横剛性が高くなることから、現在はあまり見かけなくなっています。

◩セミトレーリングアーム式はかつてのFR車の代表的なサスペンション形式

セミトレーリングアーム式は、アームピボットが、車体中心線に対して斜めになっているサスペンション形式です(下図)。フルトレーリングアーム式では、ホイールベースの変化が大きくなりますが、角度をつけたことで、**トー変化、キャンバー変化**が起きるものの(98頁参照)、ホイールベースの変化が少なくなり、使いやすくなります。また、スペースもフルトレ式に比べて少なくてすみます。

乗り心地が良いため、かつてはFRの高級車やスポーティ車のリヤによく使われており、ハコスカと呼ばれたスカイラインGT-Rや、80年代くらいまではBMWがこの形式を用いて高い評価を得ていました(68頁参照)。

フルトレーリングアーム式の例

フルトレーリングアーム式は、FF車のリヤに用いられることが多いが、独立懸架式としての効果が薄く、現在ではトーションビーム式が主流。トー変化やキャンバー変化がないという特徴もトーションビーム式と同じである。

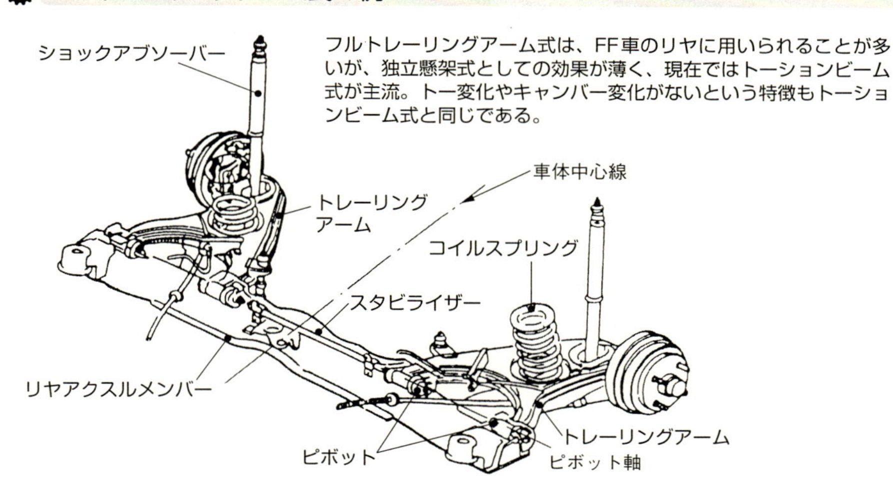

セミトレーリングアーム式の例

セミトレーリングアーム式は、FR車のリヤサスペンションとして長年採用されてきた。乗り心地の良さもあるが、サスペンション自体の高さが低くコンパクトとなりスペースを取らないことから、後席の居住性にも優れている。

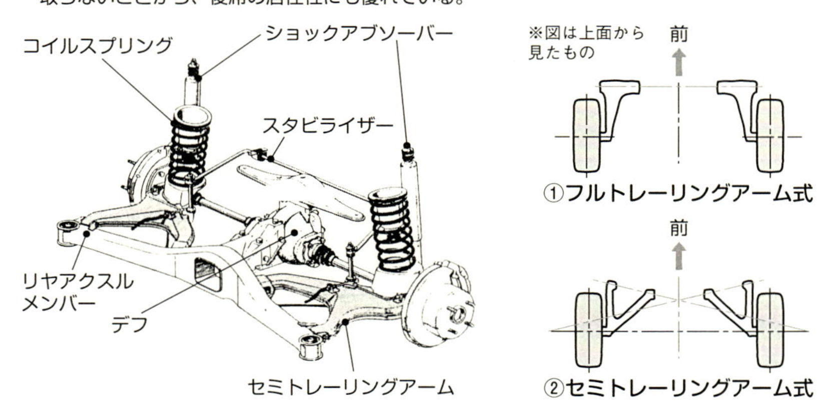

POINT
◎トレーリングアーム式にはフルトレ式、セミトレ式がある
◎フルトレ式はFF車のリヤに用いられることが多かったが、現在では少ない
◎セミトレ式はFR車のリヤに用いられたが、現在では他の独立懸架式が主流

リーディングアーム式

リーディングアーム式サスペンションは、トレーリングアーム式を前後逆に付けた形のもので、なんとなく簡単につくれる形式のように思えるのですが、実際はどのようなものなのですか。

トレーリングアーム式では、ボディにつながったアームの後ろ側にタイヤがくるのに対して、逆にアームの前側にタイヤがくるのが**リーディングアーム式**です。トレーリングアーム式の前後を反対にした形ともいえます。

◪リーディングアーム式の代表車種は名車シトロエン2CV

この形式は前輪に用いられる場合があります。特徴はタイヤを前方に押し出す形となるので、室内空間が広く取れるということです。有名な例では、シトロエン2CVがあげられます。非常に小さなクルマですが、このサスペンション形式を採用しているために、室内空間は大きめです（上図、下図）。

もう1つは、乗り心地のためにスプリングを柔らかく設定しても、ブレーキング時に**ノーズダイブ**（144頁参照）が起きづらいということがあります。これは、前輪に制動力が与えられるとアーム後方が上方向に動くために起きる現象です。

本来はブレーキングに応じて適度にノーズダイブした方がいいので、メリットとまでは言い切れませんが、オフロード走行をする場合、フルブレーキングしてサスペンションが底付きしないということでは、メリットとなりえます。

◪リジッドアクスル式と独立懸架式の２つの特徴を持つ不思議な感覚

独立懸架式なので、普通に走っている分には良好な乗り心地となります。シトロエン2CVでもそうですが、人が多く乗ったり荷物をたくさん積んだりした場合に、ホイールベースが長くなる方向にアームが動くため、安定性は高まります。

ただし、このサスペンション形式では、**リジッドアクスル式**と同様に**キャンバー変化**が起きません。ということはコーナリング時には左右のタイヤが同じ分だけ傾いてしまうということです（100頁参照）。

コーナリング性能を考えた場合には、適度なキャンバー変化があった方が路面に対するタイヤの接地が良くなり、**アンダーステア**が少なくなるので、コーナリングにはあまり適さないサスペンションといえますが、シトロエン2CVの場合、スプリングやショックアブソーバーが水平で重心が低いことなどから、大きなボディのロールを伴うものの、けっこういいコーナリング性能を見せ、マニアックなファンの支持を得てきました。

シトロエン2CVのサスペンション構成

シトロエン2CVでは、フロントにリーディングアーム式、リヤにトレーリングアーム式が採用されていた。スプリングシリンダーが前後で共有されており、左右は独立式だが前後では相関関係がある。フロアが低くなるのと前後輪を目いっぱい前後端に押し出せるため、スペース効率にも優れている。

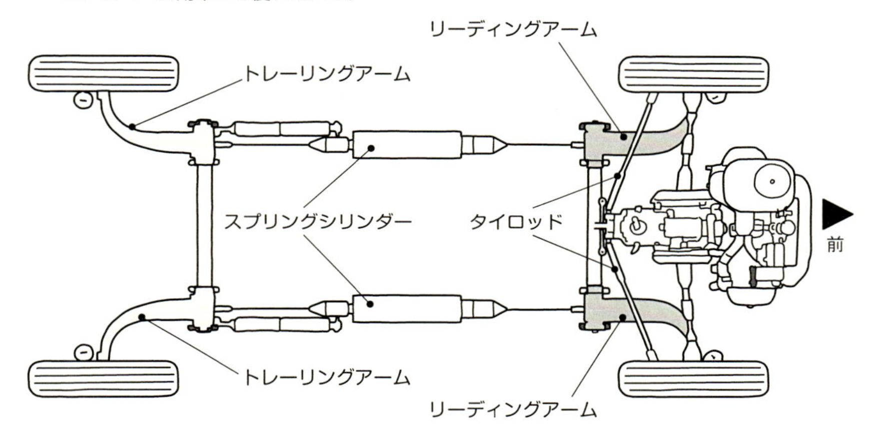

リーディングアーム式フロントサスペンションの構造

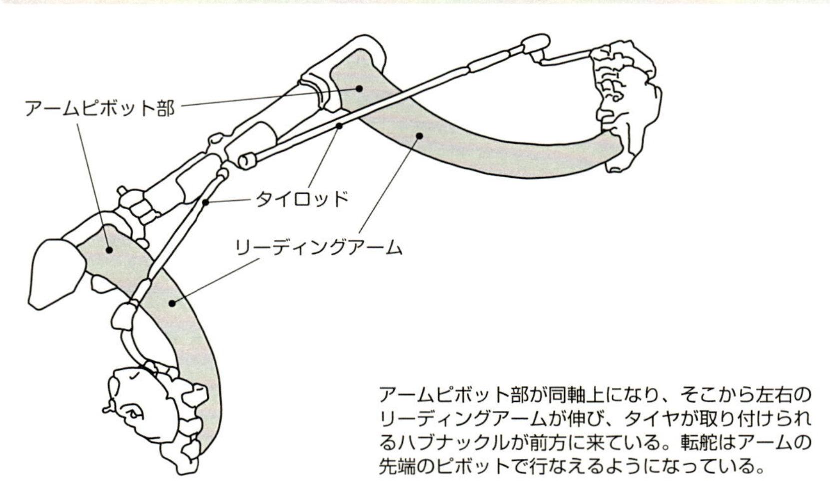

アームピボット部が同軸上になり、そこから左右のリーディングアームが伸び、タイヤが取り付けられるハブナックルが前方に来ている。転舵はアームの先端のピボットで行なえるようになっている。

POINT

◎リーディングアーム式は前方にアームが伸び、その先にタイヤがある
◎キャンバー変化がないのはリジッドアクスル式と同じ
◎ブレーキング時にノーズダイブしないなど、独特の挙動が出る

ダブルウイッシュボーン式

ダブルウイッシュボーン式サスペンションは、レーシングカーやスポーツカーに多く用いられているようですが、それはどのような理由によるのでしょうか。

独立懸架式の代表的存在が、**ダブルウイッシュボーン式**サスペンションです。基本的な構成としては、ボディ側上下に**Aアーム**（アッパー&ロワ）を装着し、タイヤ側もハブナックルの上下にアームをつなげます（上図）。そのままでは**トー角**（98頁参照）を決めることができないためトーコントロールアームが必要となります。フロントの場合は、それを舵角を決めるタイロッドが受け持ちます。

◪一番のメリットはサスペンションの設計自由度の高さ

このサスペンションのメリットは、よく左右の段差があるところでもボディが傾かないという絵で示されることがありますが、それは一面であり本質的なところとはちょっと違います。

上下のアームが平行で等長の場合にそれは成り立ちますが、実際には上下のアームは平行ではないことが多いですし、アーム長も上下で異なることが多いといえます。逆に平行等長としてしまうと、サスペンションがバウンドしたときに**トレッド変化**が大きく、走行時に不安定になりますし、タイヤの摩耗も激しくなります。

ダブルウイッシュボーン式のメリットは、アームの角度や長さを細かく設定して、加減速時、コーナリング時のタイヤの接地性を高められることだといえます（中図）。このへんの話は100頁で詳しく説明します。

◪剛性は高いが部品点数が多く、理想的なものとするにはスペースも必要

デメリットは、どうしても部品点数が多くなり、コスト高になってしまうという点です。先に解説した**ストラット式**（56頁参照）は**アッパーアーム**が不要（**ストラット**がアッパーアームを兼ねている）ですからその分コスト的には安くなります。

さらにある程度のアームの長さがないとサスペンションジオメトリーの変化が大きくなってしまうということもありますから、フロントのスペースが制限されます。例えばフロントにエンジンのない**MR**車ではあまり問題となりませんが。特に**FF**車などエンジンを横に置いた場合には、十分なアームの長さが取れなくなってしまいます（下図）。ホンダでは、FF車であるにも関わらず、本来はタイヤの下側に来るアッパーアームをタイヤの上にくるハイマウントタイプとしてダブルウイッシュボーンを成り立たせた例もあります。

ダブルウイッシュボーン式サスペンションの構成

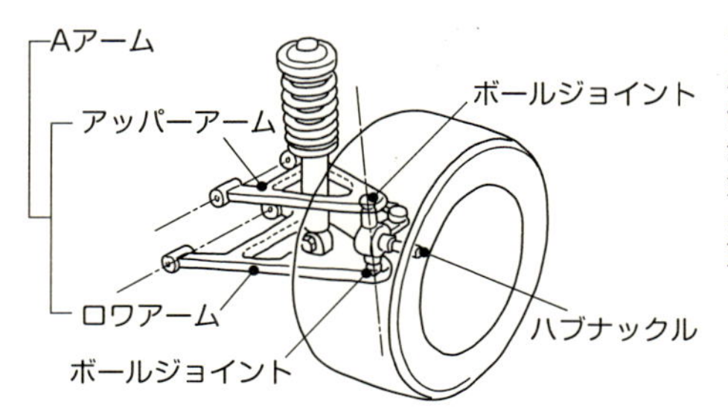

フロントに採用された場合、上下のAアーム(アッパー&ロワ)がボディ側から出て、ボールジョイントの部分でハブナックルとつながる。トー角はステアリング機構とつながったタイロッドによって保たれる(113頁上図参照)。

ダブルウイッシュボーン式のキャンバー変化

①ロール時：平行等長リンクの場合、ボディとともにタイヤも同じだけ傾き、接地性が保てない。不平行不等長とすることで、対地キャンバーを最適化できる。
②バウンド時：平行等長リンクでは、トレッド変化が大きく不安定になる。不平行不等長ではキャンバー変化は伴うが、トレッド変化が少なくてすむので安定した走行が可能となる。

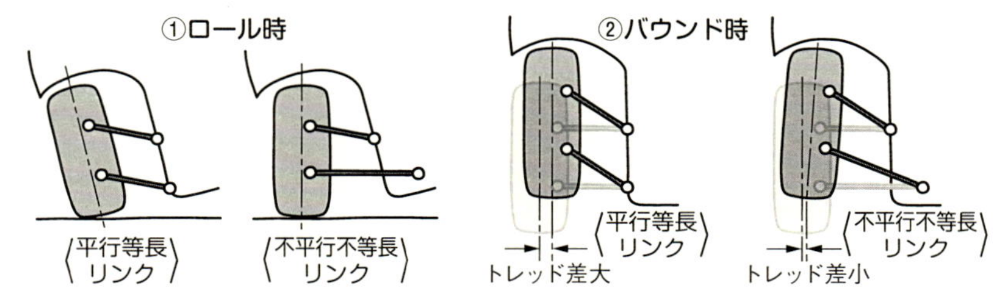

ストラット式とダブルウイッシュボーン式のエンジンスペース

ストラット式ではアッパーアームが事実上不要のために問題ないが、ダブルウイッシュボーン式ではある程度の長さのアッパーアームが必要なために、エンジンルームのスペース確保が難しい。そのため、横置きエンジンにはあまり向いていない(70頁参照)。

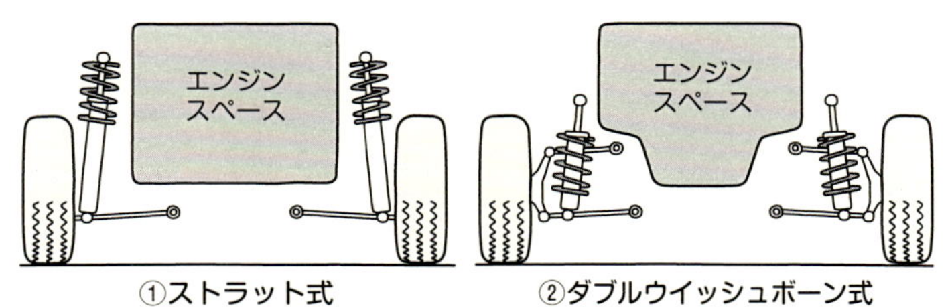

POINT
◎ダブルウイッシュボーン式は上下Aアームとハブナックルで構成され剛性が高い
◎サスペンションとして設計の幅が広いのがメリット
◎本来は長いアームが必要なために、横置きエンジン車には難しい

マルチリンク式

マルチリンク式サスペンションというと、かなり高性能を謳ったものがありますが、これまでのサスペンションと何が違うのですか。また、どのような点が高性能なのでしょうか。

マルチリンク式サスペンションは、**ダブルウイッシュボーン式**の進化形といえます（前項参照）。具体的に「ここがこうなっているからマルチリンク」ということではなく、ダブルウイッシュボーン式の特徴プラスアルファでメーカーごとの工夫を取り入れたものといえます。

◩ブッシュの変形も頭に入れてアライメント変化をコントロールする

最初にマルチリンク式を謳ったのはメルセデスベンツ190Eのリヤサスペンションでした（1982年）。これはダブルウイッシュボーン式では上下に**Aアーム**を使うところを5本のIアーム（リンク）を使用しています。具体的には**ロワアーム**が2本、**アッパーアーム**が2本、**トレーリングアーム**が1本の構成です（上図）。

このサスペンションは、普通はそれぞれのアームが規則性を持って配置されるところが、2本のロワアームが平行でないなど、一見バラバラに配置されていることが特徴です。その理由は、**ゴムブッシュ**の変形も含めてサスペンションの動きを考えたことにあります。

ゴムブッシュは弾性があるので（92頁参照）、柔らかい方が乗り心地は良くなる傾向です。ただ、それによって**アライメント変化**が起きると走行安定性に影響がでることがあります。マルチリンク式のアームはそれを考慮に入れ、アライメント変化を最小限に抑えるように配置されています。具体的には、安定した走りに影響の大きい**トー変化**を（98頁参照）、外力を受けても抑える構造を持っています。

◩各メーカーが独自の工夫によりマルチリンク式を採用

国産では、1988年に日産がそれまでのセミトレーリングアーム式に変わるサスペンションとして、リヤにマルチリンク式を採用しました。これは、タイヤの能力を十分に発揮できるように、コーナリングに際してもタイヤが路面に対して直立し、進行方向に対するタイヤの向きも最適化することで操縦性を高めています（下図）。

日産では後にフロントにもマルチリンク式を採用しました。それから、三菱、マツダなど、各社が独自の工夫を凝らしたマルチリンク式サスペンションを投入してきましたが、ダブルウイッシュボーン式を基本としてブッシュの変形を踏まえながら、アライメント変化を最適化するという考え方は同じです。

ベンツ190Eのマルチリンク式サスペンション

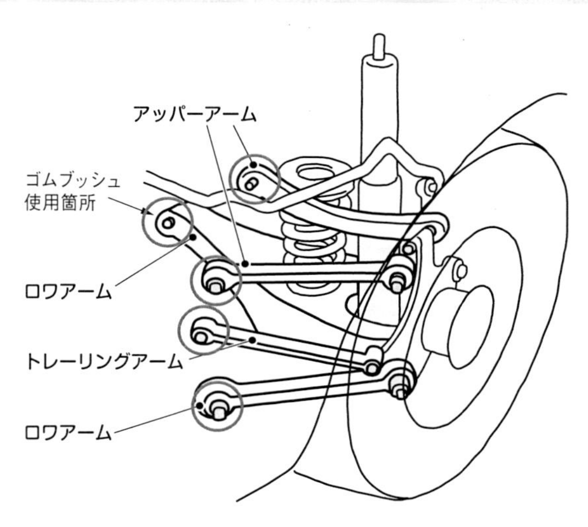

ベンツは最初にリヤにマルチリンク式サスペンションを採用したメーカー。2本のロワアーム、2本のアッパーアーム、1本のトレーリングアームで構成され、ブッシュの弾性も利用して最適な動きを求めたもの。

日産のマルチリンク式サスペンション

日産が採用したリヤのマルチリンク式サスペンション。こちらは、ロワにはAアームを使っているが、アッパーはIアームで分割されている。コーナリング中でもタイヤが直立するような工夫がされている。

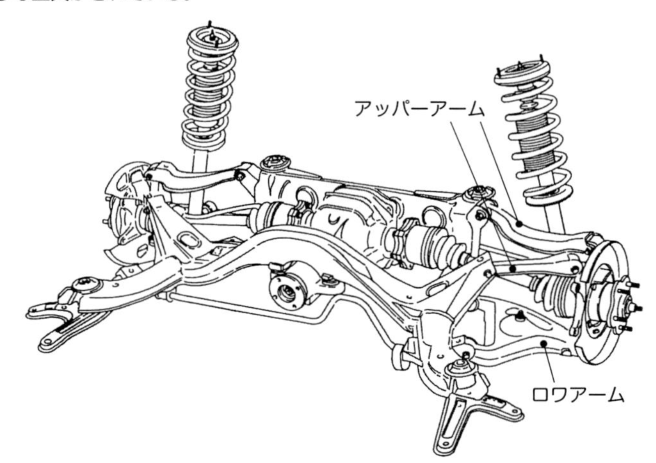

POINT
◎マルチリンク式サスペンションはダブルウイッシュボーン式の進化形
◎複雑なリンク配置でタイヤと路面の接地を最適化する工夫がされている
◎各メーカーがマルチリンク式を謳っているが、明確な定義は難しい

その他のサスペンション形式【その1】

いろいろなサスペンション形式があることはわかりましたが、これまで解説されたもの以外のサスペンションはないのでしょうか。「変わり種」といったら語弊がありますが、あったら教えてください。

エンジニアは、より良いサスペンションをつくるべく、研究とテストを繰り返しています。そんな中で生まれたサスペンション形式をいくつか紹介します。1つは1991年にトヨタが開発した**スーパーストラットサスペンション**です。

◪スーパーストラットはダブルウイッシュボーン的な性能を持つ

ストラット式はシンプルで優れたサスペンション形式ですが（56頁参照）、コーナリングの際に深くロールをすると**対地キャンバー角**がポジティブ方向になり、タイヤの外側ばかり使ってしまい性能が活かし切れないことがあります。その点、**ダブルウイッシュボーン式**は、ロールをしても**キャンバー角**を最適化できるメリットがあります（100頁参照）。

スーパーストラットは、ストラット式のまま対地キャンバー角をダブルウイッシュボーン並にできる構造としたものです。どのようにしてそれができているかを簡単に説明すると、ロワアームの中間に**キャンバーコントロールアーム**を設け、ロールしたときに、そこが可働することで、キャンバー角がつくしくみです（上図）。

◪バイザッハアクスルはトー変化を利用する

第5章で詳しく説明しますが、**トー変化**を積極的に利用して走行性能を高める**バイザッハアクスル**というサスペンション形式が、1977年にポルシェによって開発されています。

通常はトー変化が走行状態によって変わらない方が安定した走りができるのですが、これはそれを逆手に取っているといえるものです。構成は、セミトレーリングアーム形状のロワアーム、アッパーIアームからなっています。ロワアームの前端にジョイントを介して取り付けられた短いリンクがありますが、これがポイントです（下図）。

制動時にリンクのジョイントの角度が変化し、トーをイン方向に変化させます。これはブレーキング時にリヤの直進性を高めるので、安定した制動を補助します。また、コーナリング時には外側のトーがインに変化することによって横滑りを防止します。逆に加速時などは、そのままだとトーがアウトに変化し不安定になるので、ストッパーが設けられ、それを防いでいます。

トヨタが採用したスーパーストラットサスペンションのイメージ

スーパーストラットはキャンバーコントロールアームを設けることにより、キャンバー変化をダブルウイッシュボーン並にできる。また、ロワダブルジョイントは仮想キングピン角(104頁参照)を最適化し、トルクステア(パワーによる舵のとられ)も減らせる。

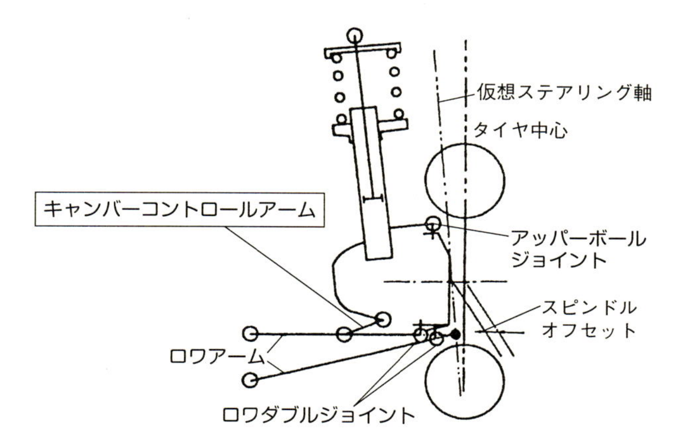

ポルシェが開発したバイザッハアクスルのイメージ

バイザッハアクスルはポルシェが928のリヤサスに採用した。ブレーキング時やコーナリング時に可動式のリンクがトーインをつけることで、クルマの挙動を安定方向にもっていく。加速時などはトーアウトにならないようにストッパーを設けている。

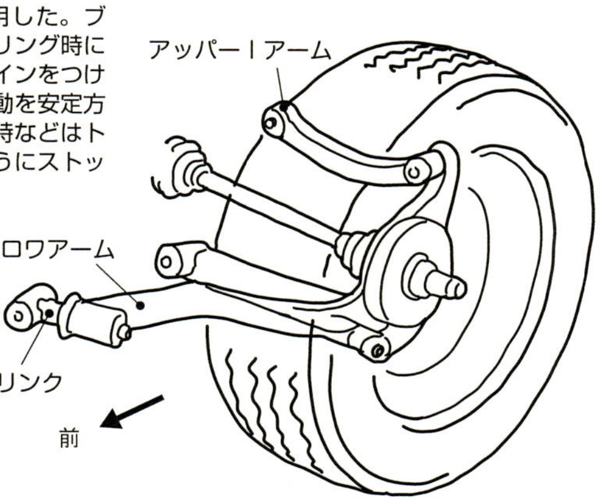

◎ストラット式はコーナリング時にポジティブキャンバーとなる場合がある
◎スーパーストラットは、コーナリング時の対地キャンバーを最適化できる
◎バイザッハアクスルは、リヤのトー角をインにすることで安定性を高める

その他のサスペンション形式【その2】

セミトレーリングアーム式については58頁で解説されていますが、この形式を進化させるためにいろいろな工夫がされていたと聞きます。それについて、具体的に教えてください。

かつてFR車のリヤに多く用いられていた**セミトレーリングアーム式**は、シンプルで優れた性能を発揮しましたが、取付部の**ゴムブッシュ**のたわみの影響で、ブレーキング時やコーナリング時に**トーアウト**が生じてしまうという問題がありました(98頁参照)。これは操縦安定性を損なうもので、一般的には好ましくないものとなります。

◪マツダは複雑なシステムでセミトレ式のトー変化を制御

それを克服しようと、さまざまな取り組みがされました。1つは、マツダが2代目RX-7に採用したものです。通常セミトレーリングアーム式の場合はアームにタイヤを取り付けるためのハブが直接取り付けられますが、そうではなくトーコントロールハブとしたのが特徴です(上図)。

これによって0.2G以下の横Gでは、トーをアウト側に変化させ、スムーズに動くようにし、これより大きな横Gがかかると、今度はトーをイン側に向かせて安定性を向上させるというしくみとなっていました。しくみとしては大変複雑なもので難しいですが、「こういう動きをする」ということを覚えておいてください。

◪他メーカーもセミトレ式のトーコントロールを目指したが……

もっとシンプルな方法でトーコントロールをした例もあります。それは8代目クラウンに用いられたセミトレーリングアーム式です。これは、アームの内側ピボットの近くにトーコントロールリンクを設けたものでした(下図①)。

アームに横力が作用すると、トーコントロールリンクが内側ブッシュの変形を防止してトーアウトを小さくし、前後力がブッシュに作用した場合には、アームを回転軸方向にスライドさせて、トー変化を抑えるという構造になっていました。

トヨタが内側にトーコントロールリンクを設けたのに対して、BMWは外側ブッシュの変形を防止するリンクを設けるなど(下図②)、各メーカーが工夫をした時代がありました。これらの工夫は一定の効果がありましたが、その後に**ダブルウイッシュボーン式**や**マルチリンク式**が普及してくると、こうした問題がもともとないために、セミトレーリングアーム式に工夫をするよりも手軽ということで、それらのサスペンション形式が主力となっていったのです。

RX-7のトーコントロールハブ採用セミトレーリングアーム式

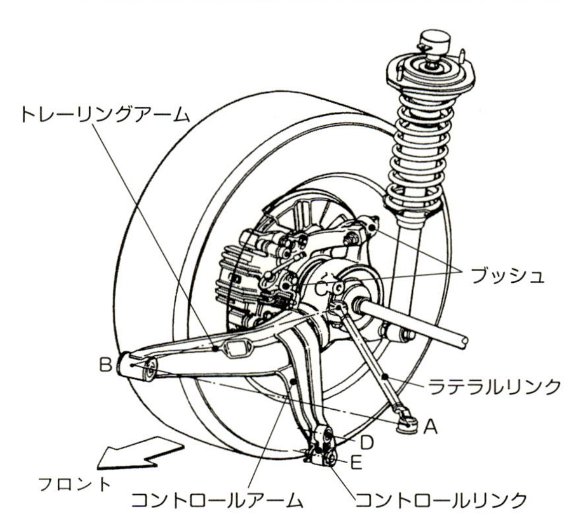

アームに直接タイヤが付くのではなく、アームにはブッシュを介してホイールキャリアが取り付けられている。セミトレーリングアームの内側にはコントロールリンクを追加。さらに、ラテラルリンクも追加した。これで走行状態に応じてトーコントロールをする機構とした。

クラウンとBMWのセミトレーリングアーム式

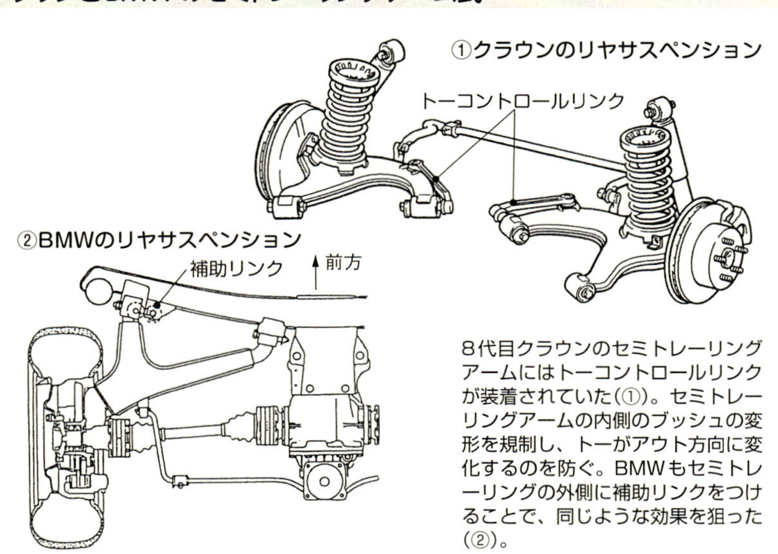

8代目クラウンのセミトレーリングアームにはトーコントロールリンクが装着されていた(①)。セミトレーリングアームの内側のブッシュの変形を規制し、トーがアウト方向に変化するのを防ぐ。BMWもセミトレーリングの外側に補助リンクをつけることで、同じような効果を狙った(②)。

POINT

◎セミトレーリングアーム式は、ブッシュのためトーコントロールが難しい
◎マツダは2代目RX-7でそれを解決する手段を試みた
◎トヨタ、BMWはシンプルな方法でトーアウトを防ぐ試みをした

FF車・FR車、それぞれに適したサスペンション

クルマには大きく分けてFF(前輪駆動)車とFR(後輪駆動)車があります。いろいろなサスペンション形式がありますが、駆動方式によってサスペンションの向き不向きはあるのですか。

とくに**駆動方式**別に特別なサスペンション形式があるわけではありませんが、ある程度は決まってくるという側面はあります。ここでは、その傾向について見ていきます。

◪ FF車のフロントサスペンションは制限が多い

現在、一番ポピュラーな駆動方式は**FF**です。これはフロントにエンジンを置いてフロントのタイヤを駆動するタイプです。この場合、一部のクルマ（スバル、アウディなど）を除き、エンジンが横置きになります。当然、縦置きよりも横置きの方がエンジンルームの幅をとってしまいますから、制限が多くなります（上図）。

スペースを有効に使えるサスペンション形式の代表が**ストラット式**です（56頁参照）。**独立懸架式**としてもそれなりの高性能を発揮しますから、現在ではFF車のフロントサスペンションのほとんどがこの方式をとっている状況です（下図①）。

ダブルウイッシュボーン式も使えないことはありませんが、アームの長さが十分に取れないため、いろいろな工夫が必要ですし、本来の良さを発揮するのは難しい面があります（62頁参照）。

FF車のリヤは、スペースが大きく取れますから、いろいろなサスペンションが使えます。とはいっても、駆動しないという特性上、あまり凝ったサスペンションは必要ありません。独立懸架式である必然性も乏しくなります。とくに軽量な車種には**トーションビーム式**が用いられ、それで性能も十分といえます（50頁参照）。中上級車ではストラット式が用いられることもあります（下図①）。

◪ FRは自由度が高いが、コストとの兼ね合いも重要

FR車の場合、FF車とは逆にフロントに自由度がありますから、ダブルウイッシュボーン式も使いやすくなります。スポーツカーなどでは好まれますが、コストを考えるとストラット式が多くなります（下図②）。

リヤは、駆動力をしっかり路面に伝えなければなりません。かつては**リジッドアクスル式**が主流でしたが、それよりもダブルウイッシュボーン式や**マルチリンク式**（64頁参照）が性能的には好まれます（下図②）。コストを考えるとストラット式でもいいのでしょうが、高性能を売りにしたクルマはそのような傾向となっています。

駆動方式とエンジンの横置き・縦置き

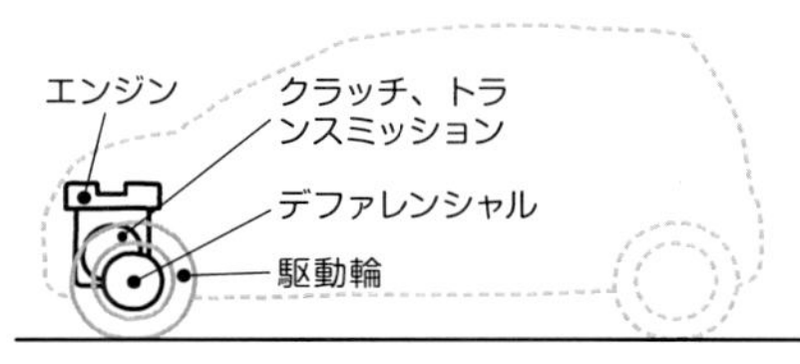

①FF(フロントエンジン・フロントドライブ)

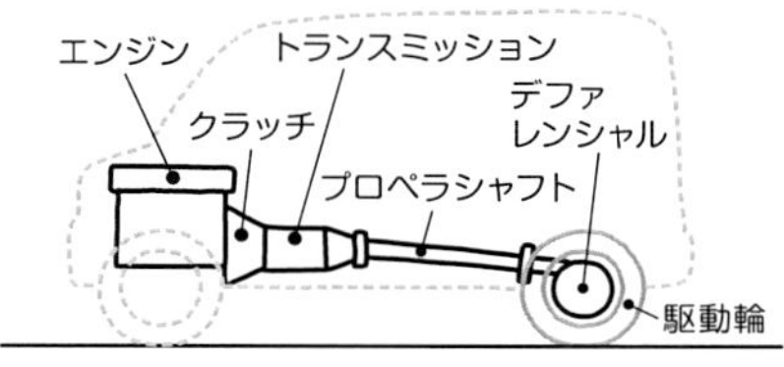

②FR(フロントエンジン・リヤドライブ)

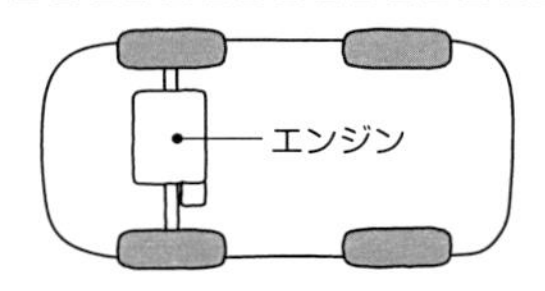

Ⓐエンジン横置き

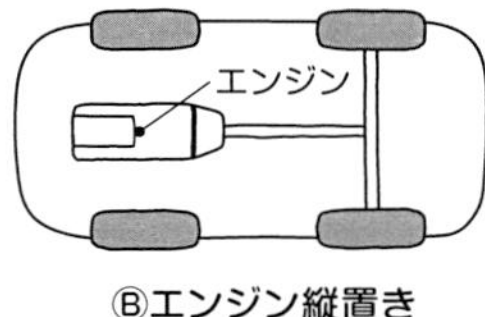

Ⓑエンジン縦置き

基本的にエンジンは、FFは横置き、FRは縦置きが多くなる。MRは両方が存在する

FF車・FR車のサスペンション形式例

①FF車

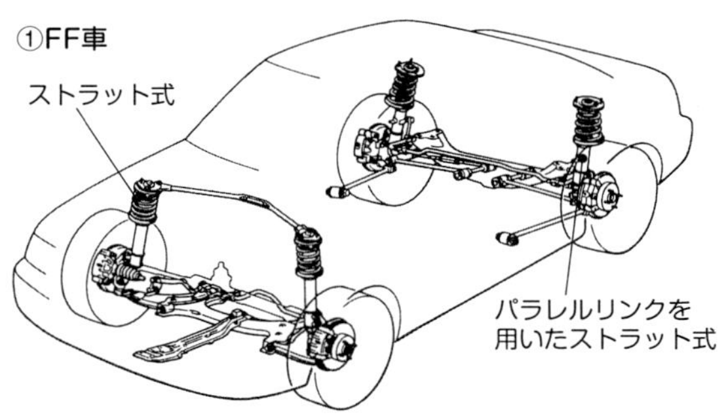

FF 車の場合、横置きエンジンとの兼ね合いで、フロントにはストラット式が多く用いられる。ホンダ車などはハイマウントアッパーアームを用いてダブルウイッシュボーン式を採用した例もある。リヤは独立懸架式の場合はストラット式が多い。だが、実際にはその必然性は乏しくシンプルで軽いトーションビーム式が多くなる

②FR車

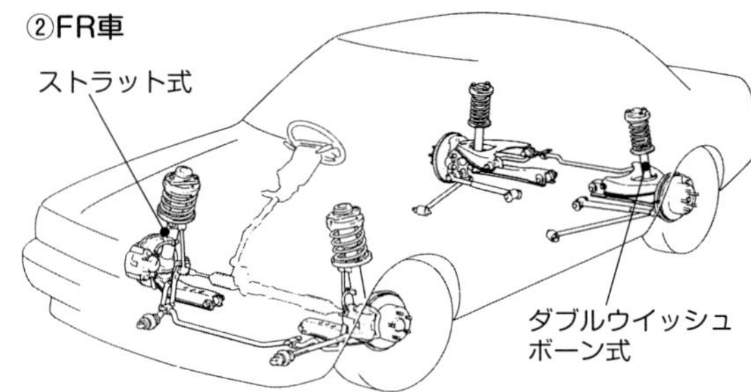

FR 車の場合、FF 車ほどフロントスペースに余裕がないわけではないので、ダブルウイッシュボーン式も用いられる。ただ、アッパーアームの位置を低くすると、ノーズも低くなるので、一般的にはストラット式が多い。リヤは、駆動を受け持つためにダブルウイッシュボーン式やマルチリンク式が用いられる

POINT

- ◎駆動方式によって採用されるサスペンション形式の傾向がある
- ◎FF車のフロントは、ストラット式がマッチしている
- ◎FR車は、リヤのサスペンション形式に特徴を持たせることが多い

COLUMN 3

サスペンション形式を
はじめて意識したクルマの話

本当にサスペンション形式を気にしてクルマに乗るようになったのは、私が自動車雑誌の編集に関わるようになってからのことです。

もちろん、それまでもダブルウイッシュボーン式やストラット式などの名称は聞いていましたが、それがどんなものなのか、どのような特徴を持つのかなどをまじめに勉強しはじめたのは、かなり後になってからというのが本当のところです。

凝った？　サスペンションのクルマに最初に乗ったのは、20代最初の頃の「いすゞジェミニZZ/R」で、フロント・ダブルウイッシュボーン式、リヤ・トルクチューブ付き3リンク式というものでした。これが、はじめてサスペンションを意識したクルマと言えるかもしれません。

乗ってみての感想は、それまでのクルマよりは「硬い足だな」と思った程度で、よくわからないというのが正直なところでした。フロント・ダブルウイッシュボーン式がかっこいいというミーハー的な気分はありましたが……。

ただ1つ、強烈な印象として覚えていることがあります。ドライビングの練習中に、リヤのスライドをカウンターステアでコントロール（ドリフト走行）していたのですが、いきなりリヤのスライドが止まって、カウンターステア方向（コーナーアウト側）にクルマが向きを変えてしまったのです。

スピンには慣れていました？　があまりこういう動きを経験したことが無かったので、非常に怖かったのを覚えています。ドライバーが下手だった……と言ってしまえばそれまでなのですが。

今になって考えれば、このクルマは現代のレベルではあまりパワーもなく、フロントとリヤのサスペンションがアンバランスだったために、こういう動きになったのかな？　と思うことがあります。FRなのにかなりフロントヘビーということもあったでしょう。今ではなかなか見かけなくなってしまいましたが、もし乗る機会があればもう一度走って確認してみたいものです。

第4章

サスペンションの構成部品

Component of a suspension

コイルスプリング

スプリングというと、金属をくるくると巻いたものを想像します。クルマのサスペンションでもそうしたものを見ることが多いですが、やはりそれなりの理由があってのことなのですか。

現在の主流となっているのは、金属をらせん状に巻いた**コイルスプリング**です。その理由は、計算どおりの性能のものが比較的簡単にできることや軽量にできること、さまざまなサスペンション形式に対応できることなどがあります。また、材質、線径、巻数、ピッチ、外径の変更によって、さまざまな**スプリングレート（バネ定数）**や特性を持たせることができるという面もあります（上図）。

◩コイルスプリングは１種類だけではない

コイルスプリングにはいくつかの種類があります。スプリングの線径、形状、ピッチが一定のものを**等ピッチコイル**といって、これは荷重とたわみの量が比例する特性（**線形特性**）を持っています（下図のグラフA）。

スプリングを1mm縮ませるのに必要な荷重をスプリングレートといいます。これが2kg/mmだった場合、1mm縮めるのに2kg必要となりますが、いくら荷重をかけてもそれは変わりません。

逆に、**不等ピッチコイル**（素線の巻きの間隔を変えたもの）、**非線形バネ**（素線の径が一定ではないもの）もあります。これらは荷重とたわみの量が比例しないので**非線形特性**を持っています。どうしてこうしたスプリングを使うかというと、線形特性を持つスプリングでは、極端にいえば硬いか柔らかいかという単純な特性しか持たせられないものが、ある程度の特性をコントロールできるからです。

◩非線形スプリングを使用することで特性を変えられる

例えば不等ピッチコイルで、上側がピッチの幅が広く、下にいくに従ってピッチの幅が狭くなっている場合、サスペンションの入力を受けて、スプリングがたわんだ初期では柔らかい特性なのが、コーナリングスピードが高くなって、ロールが深くなっていくと、ピッチの狭くなる部分を使用することによって硬くなり、硬いスプリングと同じ効果を得ることができるわけです（下図のグラフB）。

それほど都合よくいくわけではありませんが、一般走行では乗り心地が良く、スピードを出すとスポーティなサスペンションになるといってもいいでしょう。自分のクルマがどのようなコイルスプリングを使っているかを知れば、運転していてもより挙動に気をつけるようになるかもしれません。

コイルスプリングのいろいろ

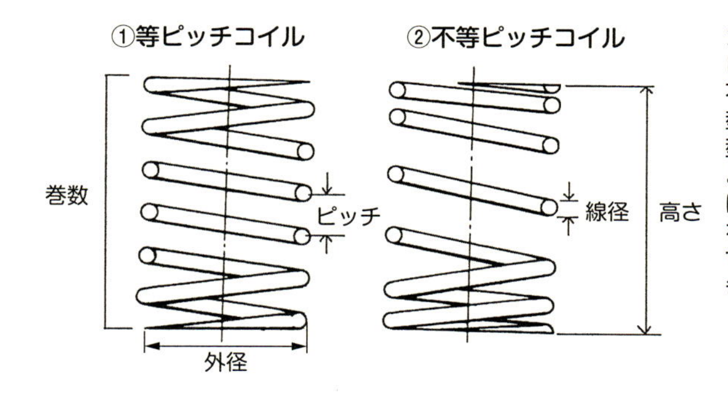

コイルスプリングは等ピッチだけではなく、不等ピッチや、つづみ型、たる型、テーパー型などが使用されることがある。線形特性だけでなく、非線形特性を持たせることによって、乗り心地を調整できるのがポイント。

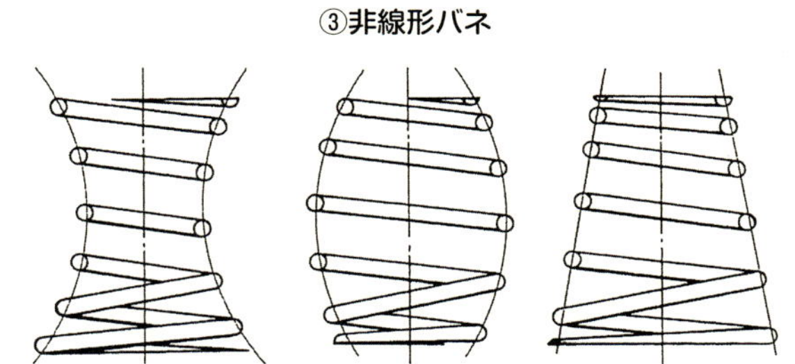

不等ピッチタイプの性格変化

不等ピッチのスプリングレートの変化の例。荷重が少ないときには荷重とたわみ量が比例するが、一定の荷重以上で硬くなっていく。

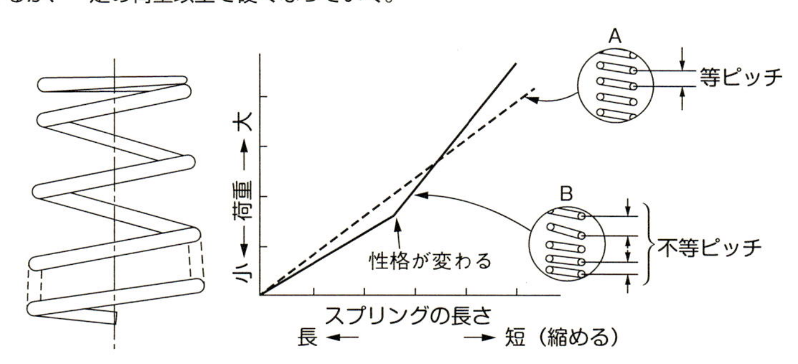

POINT
◎現在のサスペンションで主に用いられているのはコイルスプリング
◎線径、形状、ピッチが変わらないスプリングは荷重とばね長が比例する
◎非線形特性を持たせたスプリングは、荷重によってバネ定数を変化させられる

トーションバースプリング

コイルスプリングがスプリングの主流であることはわかりますが、ポルシェなどのスポーツカーでトーションバースプリングが使われていたと聞いたことがあります。これはどのようなものなのですか。

トーションバーは、バネ鋼のねじり剛性を利用したスプリングで、一見するとただの棒のような形をしています。知らない人が見るとスプリングのないサスペンションのように見えるかもしれません。バネ棒の一端はボディ側（フレーム等）に固定されており、一方の端は可動するサスペンションアームにつながっています。

タイヤを通じて路面からの入力をサスペンションが受けると、トーションバーがねじれ、それがもとに戻ろうとする力を利用することによってスプリングの役割をします（上図）。

◪欠点はねじれ角が大きくなったときの急激な変化

トーションバーの直径が細いほど、また長いほど柔らかいバネとなります。さらにトーションバーを二重構造として、短いスペースで必要な長さを確保するなどの工夫がされた例もあります。軽量化のために中空パイプを使用することもあります。90頁で説明しますが、**スタビライザー**も一種のトーションバーといえます。

デメリットとしては、ねじれ角が大きくなると急にスプリングが硬くなり、乗り心地に悪い影響を与える点です。一般的なねじれ角はプラスマイナス20°程度で、この範囲では**線形特性**（前項参照）を持ったバネとして使用できます。

◪スペースをとらないで効率的なサスペンションができる

トーションバースプリングは、現在はあまり見られなくなりましたが、かつては進んだサスペンションとして好んで使われていました。それは、高さを抑えられることが大きなメリットだったからで、小型車やワンボックスカーなどスペースを有効に使いたいクルマに向いています。

オフロード用4WD車のフロントサスペンションに、ダブルウイッシュボーン式と組み合わせて用いられることもあります。**コイルスプリング**を使ってしまうとスペースをとり、デフからタイヤまで駆動力を伝えるドライブシャフトと緩衝しやすいのですが、トーションバースプリングならばそれを避けられるという理由からです。

トーションバースプリングを利用したクルマとしては、80年代までのポルシェ911シリーズが前後とも採用していましたし（下図）、国産車でもスバル360、ホンダの初代CR-Xなどにも使われました。

トーションバースプリングを利用したサスペンション

トーションバースプリングはコイルスプリングのように巻かないで、棒状の鋼のねじれる力を利用してスプリングにしたもの。「高さをとらない＝ボンネットを引くできる」などのメリットを持つ。ねじれ量が多くなると急に硬くなるというデメリットがある。

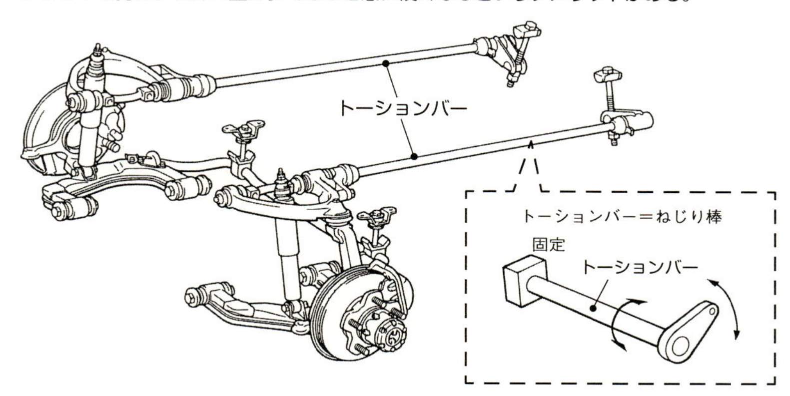

ポルシェ911のフロントに使われたトーションバースプリング

スポーツカーの代表であるポルシェ911にもトーションバーが使用されていた。ポルシェはRR(リヤエンジン・リヤドライブ)なので、フロントにエンジンがなく、これを利用することによってさらにフロントを低くできた。

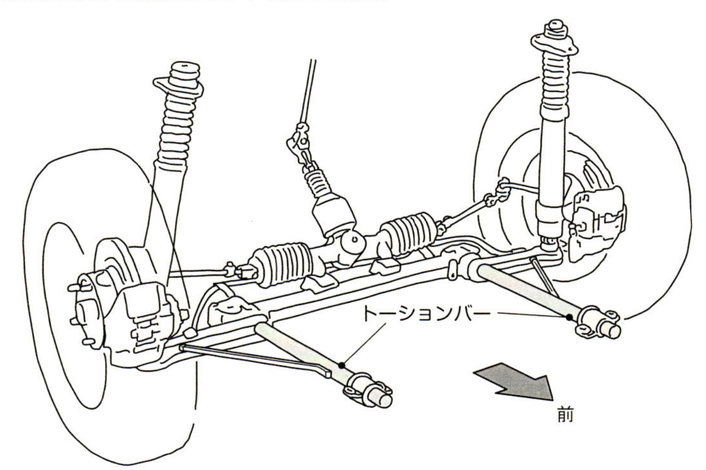

POINT
◎トーションバーは棒状の鋼をスプリングとして利用する
◎鋼のねじれによって、それが戻る力がスプリングの反力となる
◎メリットも多く、今までいろいろなクルマに使用されてきた

リーフスプリング、ラバースプリング

現在はコイルスプリングが主になっているようですが、リーフスプリングはもう乗用車には使われないのですか。ある程度の弾性があれば、他のものでもスプリングになりえるように思うのですが……。

リーフ式リジッドのところで**リーフスプリング**についてはある程度解説しました（44頁参照）。現在、トラックなどの貨物車には頑丈なことから用いられることがありますが、乗り心地や騒音の問題から乗用車にはあまり用いられません。

◪リーフスプリングも進化してきた

ですが、それはスチールのリーフスプリングに関して当てはまることであり、**GFRP（ガラス繊維強化プラスチック）**や**CFRP（炭素繊維強化プラスチック）**性のリーフスプリングがワンボックスカーなどのリヤに用いられています。

これらは、スチールに比べると軽く、ストロークも大きくとれるというメリットがあります。日産ではラルゴや初代バネット・セレナのリヤサスペンションに、GFRPのリーフスプリングを横方向にして使うことにより、**マルチリンク式**（64頁参照）を成り立たせています（上図）。このサスペンションによる乗り心地も**コイルスプリング**に劣るものではありません（74頁参照）。

◪かつてはラバースプリングも使われた

「変わり種スプリング」で有名なところといえば、モーリス・ミニ・マイナー／オースチン・セブン（ADO15）に用いられた**ラバースプリング**があります（下図）。これはゴムをそのままスプリングとして利用したものです。ミニというと現代的なFFの先駆けとして知られますが、当時はこのゴムスプリングも画期的なものといわれました。コストも安いですし、ミニのような極端に小さいクルマの限られたサスペンションスペースに収めることが可能だったからです。

ラバースプリングは、**非線形特性**を持つということも特徴です。コイルスプリングは巻数やピッチが同じならば、伸びても縮んでも**バネ定数**は一緒なのですが、ラバースプリングは縮むとその分バネ定数が上がります。これは、例えば重いものを積んだときに、コイルスプリングでは硬くしたくてもできないところを、ラバースプリングが勝手に硬くなってくれるということでもあり、メリットとなりえます。

デメリットとしては、乗り心地はやはりコイルスプリングにかないません。また、ゴムという特性上劣化が早く、定期的な交換が必要であり、メンテナンスの手間もかかることから、その後主流となりえませんでした。

日産ラルゴのGFRP製リーフスプリング

日産ラルゴには横置きのGFRP製リーフスプリングが使用されていた。初代バネット・セレナのマルチリンク式サスペンションでも同じ。GFRPでしなやかな乗り心地にするとともに、低床にできるために、乗員や荷物の積載性も高まる。

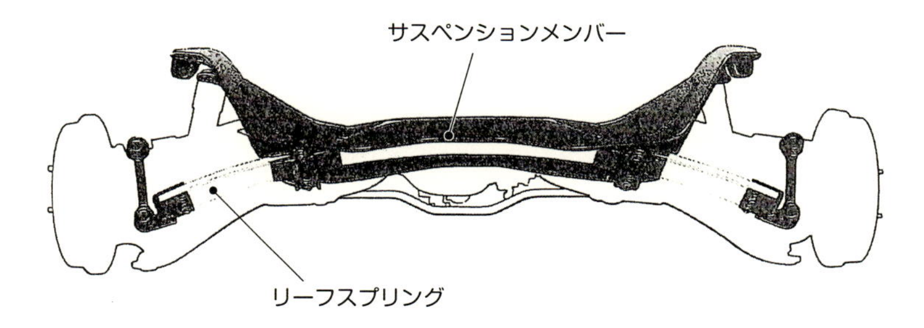

ミニに用いられたラバースプリング

ミニに用いられたラバー(コーン)スプリング。FFであることと同時にこれも同車の売りになっていた。スペースをとらず、コストも低くできるのがメリットだが、軽量車だから成り立つという面もあったと思われる。

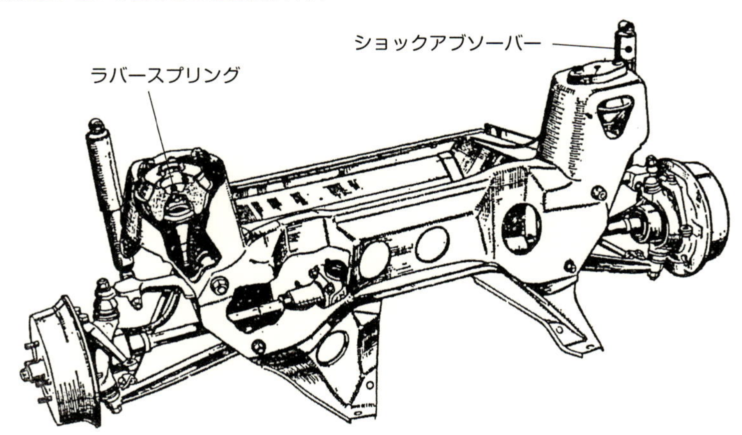

POINT

◎リーフスプリングは、スチールではなくガラス繊維や炭素繊維を用いた強化プラスチック製が用いられるようになっている
◎ラバースプリングは名車ミニに用いられたが、現在では見られなくなった

スプリングの工夫（スプリングオフセット）

スプリングと一口に言っても、いろいろな種類があることはわかりましたが、取り付け方によってサスペンションの性質が変わるということはあるのですか。

例えば**コイルスプリング**の場合、そのまま取り付けるのではなく、操縦性を上げるための工夫が盛り込まれることがあります。代表的なのが、**ストラット式**サスペンションのストラットへの取り付け方です。前に解説したように、ストラット式サスペンションは、**ストラット**（**ショックアブソーバー**）自体がアームの役目を持ちます。**アッパーアーム**がないために、部品点数も少なく、シンプルでコストが安くなるのは大きなメリットです（56頁参照）。

◪アッパーアームがないストラットは動きが渋くなる？

ただし、アッパーアームがないために、可動部である**ピストンロッド**（84頁参照）に**横力**がかかり、サスペンションのスムーズな動きを妨げる場合があります。直進時でもストラットには**曲げモーメント**が作用しますし、ピストンロッドを曲げてしまいます。高いスピードでコーナリングをする際に、ショックアブソーバーの動きが渋くなってしまうということは当然デメリットとなりえます（上図）。

ちなみに、**ダブルウイッシュボーン式**や**マルチリンク式**であれば、アッパーアームがあるので、横力は**ロワアーム**と合わせて完全に抑えられるところが大きなメリットです。このあたりも、高級車やスポーツカーに用いられる一因でもあるといえるでしょう。

◪スプリングオフセットをとることでストラットへの横力を弱める

ストラットへの横力に対応する方法の1つが**スプリングオフセット**を設けることです。コイルスプリングの角度を外側にずらしてやることにより、ストラットに伝わる横力を弱めることができるのです。

この方法は最初にBMWが、スプリングの角度を外側にずらす方法を採用しました。また三菱ではスプリングをそのまま平行移動することにより、同じような効果を得ています（下図）。現在では、メーカーを問わず、ストラット式のフロントサスペンションには、スプリングオフセットが設けられています。

普段クルマに乗っているときには、こんなことまで工夫しているとは思わないでしょうが、良い乗り心地や操縦性能をクルマに持たせるために、いろいろな工夫が取り入れられているのです。

ストラットはタイヤから曲げモーメントが入る

ダブルウイッシュボーン式(①)ではアッパーアームがあるためにショックアブソーバーには外力の影響がないが、ストラット式(②)は直接ボディにつながっているために、曲げモーメントがかかる。

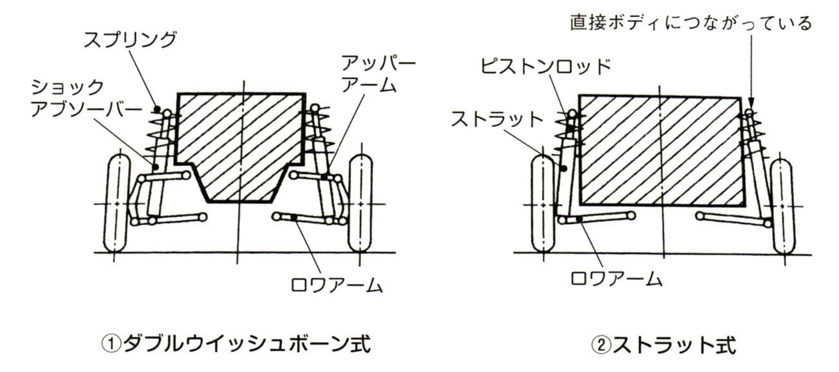

スプリングオフセットの例

①がBMWに採用されたスプリングの角度を外側にずらした方式。その後、三菱では初代ミラージュで、②のようにスプリング全体を外側に移動した方式を採用した。ストラット式では現在でもこのようなスプリングオフセットを設けることにより、外力による曲げモーメントに対抗するようにしている。

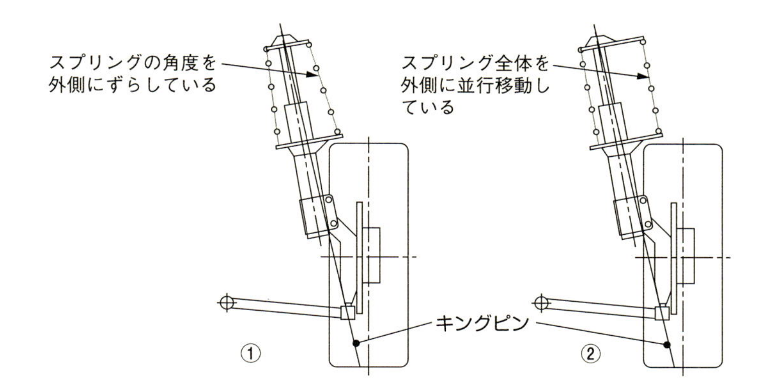

POINT
- ◎スプリングの取り付け方だけでもサスペンションの動きに影響がある
- ◎ストラット式では、スプリングオフセットという方法が用いられる
- ◎スプリングの位置をずらすことにより、曲げモーメントに対抗する力をつくる

1-5 スプリングによるチューニング

クルマ好きな人たちの会話を聞いていると、「スポーティな足、硬い足、乗り心地のいい足」などという表現を用いることがあります。これらは何を意味するのですか。スプリングの影響だけなのでしょうか。

スプリングがサスペンションに与える影響や、操縦性に与える影響はとても大きなものです。

サスペンション形式が同じでも、スポーティな足や硬い足があるのはスプリングの**スプリングレート**（**バネ定数**）の違いによります。これは、**コイルスプリング**を1mm縮めるのにどのくらいの力（kg）が必要かを表します。同じ車種でも、一般的な使用だったら2kg/mmくらい、スポーツカーで6kg/mm、レーシングカーだと15kg/mmなどと大きく変わってくる場合もあります（74頁参照）。

◩スプリングレートでクルマの挙動が変わる

これは次項から解説する**ショックアブソーバー**との関連もあるので、スプリングだけでは語れませんが、スプリングレートを上げると**ローリング**や**ピッチング**といったクルマの動きが小さくなります（上図）。

とくに高速コーナリングのことを考えると、タイヤの接地角度を適正に保つためにも高速域でのローリングは少なくする必要があります。

またローリングが大きいと、S字コーナーのようにクルマを切り返す場合に、機敏に動くことができないので、これも不都合です。ですから、スポーツ走行を考えた場合にはスプリングを硬くする（スプリングレートを上げる）という方法がとられます（下図）。

スプリングレートは上げた場合も下げた場合も、必ずショックアブソーバーと対になっていますから、それに合わせた**減衰力**を発生するショックアブソーバーとする必要も出てきます。これについては88頁で解説します。

◩前後方向の動きはケースバイケース

スプリングを固めると、ローリングだけでなくピッチング（前後の動き）も小さくなります。ただし、これはサスペンション自体の設計によっても変わってきますので、スプリングだけで決まるとは言い切れません。

一般的には、スプリングが柔らかくても、極端に**ノーズダイブ**などをすると怖いですし、それによってリヤの荷重が減ると、スピンなどということにもなりかねませんので、極端な動き（**オーバーステア**）にならないようにしています。

スプリングの硬さはクルマの挙動に影響する

ローリング量やピッチング量はスプリングレートと関わっている。硬くなれば(スプリングレートが大きい)少なく、柔らかければ多くなる。乗り心地が良いというのは、単にスプリングがふわふわしていることを指す場合もある。高速ではスプリングレートを上げる必要がある。

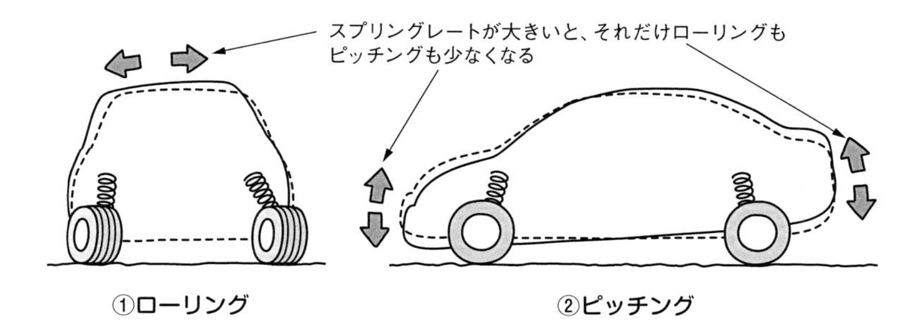

スプリングの硬さとローリング

もともとの対地キャンバー角(98頁参照)や車高との関係もあるが、ロールする角度が少ないほど外側のタイヤの路面との接地角は良くなり、内側のタイヤのグリップも使えるのでコーナリングスピードが上がる。これもスプリングレートを上げるメリットとなる。

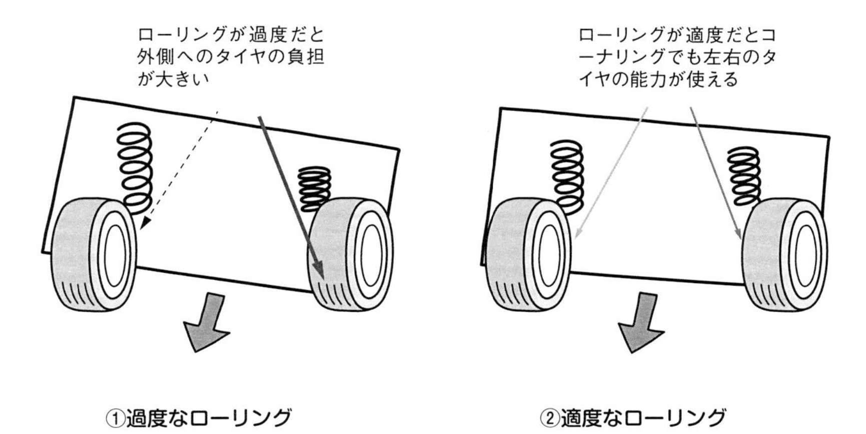

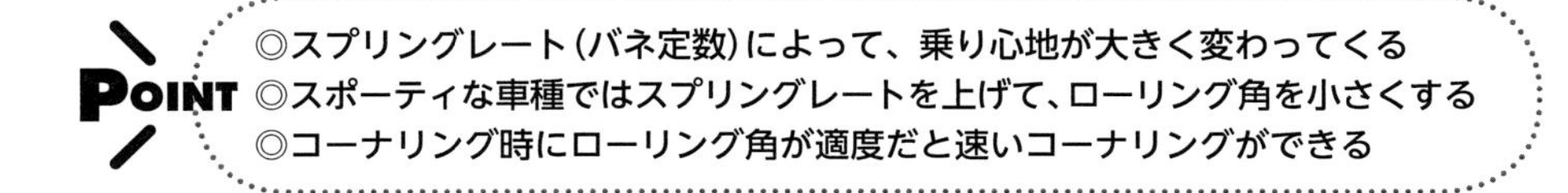

◎スプリングレート(バネ定数)によって、乗り心地が大きく変わってくる
◎スポーティな車種ではスプリングレートを上げて、ローリング角を小さくする
◎コーナリング時にローリング角が適度だと速いコーナリングができる

複筒式ショックアブソーバー

28頁で、スプリングの伸縮運動を抑制するのがショックアブソーバーの役割だとありましたが、ショックアブソーバーはどんな構造をしていて、どのような特徴を持っているのですか。

円筒状の本体から1本の**ロッド（ピストンロッド）**が出ている形のものが**ショックアブソーバー**です（左図）。これは**伸び側**と**縮み側**の両方で**減衰力**を発揮します。伸び側の減衰力はスプリングの伸びを抑える力、縮み側の減衰力はスプリングの縮みを抑える力のことです。これでいつまでも動き続けようとするスプリングの動きを抑制するわけです。

◩ピストンが上下するとオイルがバルブを通り抜ける

図は、標準型と呼ばれる**複筒式ショックアブソーバー**です。本体の中のロッドの動きを見てみましょう。本体の中はオイルで満たされています。ロッドが伸びるときには、ピストンは本体の中を上へ移動します。そのとき、ピストンに設けられた**バルブ部**（図のA）からケース上室のオイルが下室に移動します（枠内の図）。ここを通るオイルの抵抗が伸び側の減衰力となります。ピストンが上がった分、下室にはオイルの不足が起きますが、それはケースの周囲を覆った**リザーバー室**のオイルが**ベースバルブ**部（図のB）から流入することでカバーします。

縮むときには、ピストンが本体内部を下に移動します。このときはピストン下室のオイルが、ほとんど抵抗なくピストン上室に流れ込みますが、同時にロッドが入ってくることによって、下室は加圧されてベースバルブを開き、ここで減衰力が発生します。今度は伸びるときとは逆に、オイルはリザーバー室に流れ込むことになります。

◩複筒式ショックアブソーバーは内筒と外筒の二重構造になっている

複筒式というのは、このように本体の周囲にオイルが出入りするリザーバー室があり、二重構造になっていることからつけられた名称です。リザーバー室にはオイルだけでなく、大気圧の空気が入れられ、これが縮みでは圧縮、伸びでは膨張することによって、体積を調整しています。

オイルが通り抜けるバルブは、円盤状の薄板を複数枚重ねる構造（**リーフバルブ**）となっていますから、薄板を硬くすれば減衰力は上がる（伸び縮みしづらくなる）方向ですし、柔らかくすれば減衰力は下がります。このあたりは、スプリングの硬さや用途によって調整するところです（枠内の図）。

複筒式ショックアブソーバーの構造

複筒式のショックアブソーバー本体にはオイルが充填され、その周囲のリザーバー室にはオイルとエアが入っている。伸び側の減衰力はピストンのバルブ部(A)を、縮み側の減衰力はベースバルブ部(B)をオイルが流れる抵抗によって発生する。

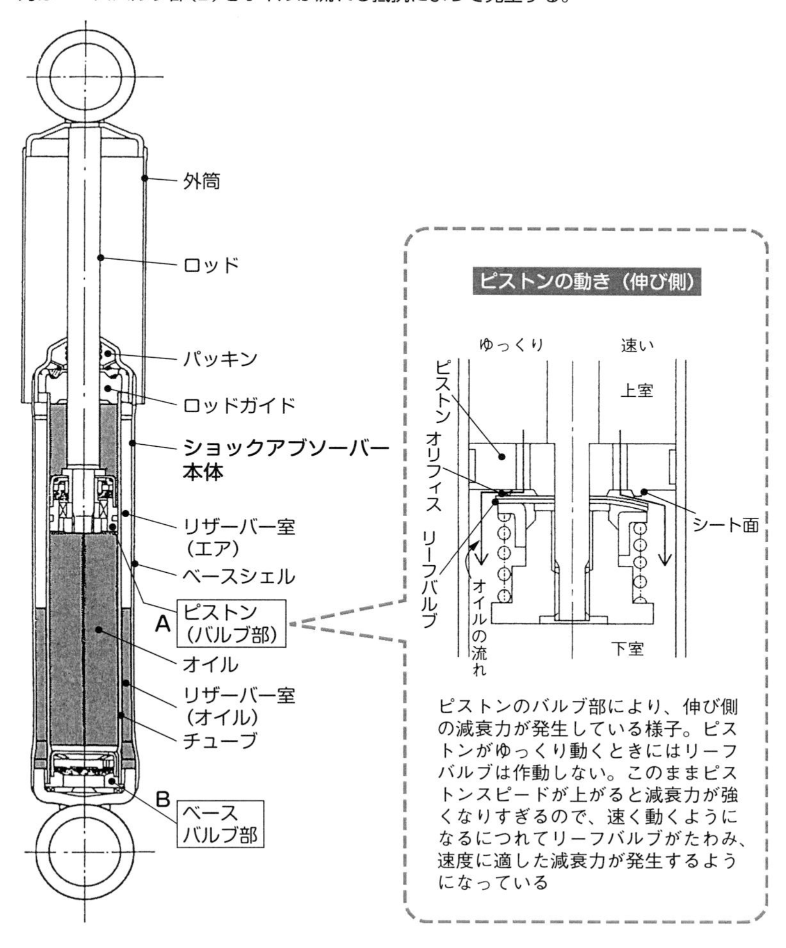

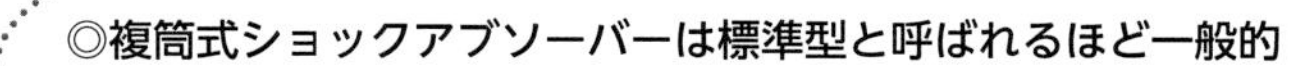

POINT

◎複筒式ショックアブソーバーは標準型と呼ばれるほど一般的
◎伸び側はピストンのバルブ部、縮み側はベースバルブ部で主な減衰力を発生する
◎移動するオイルの量は、周囲のリザーバー室が受け持つ

単筒式ショックアブソーバー

複筒式の他に単筒式のショックアブソーバーがあります。ビルシュタインなどが採用していて、モータースポーツで使用されるイメージがあるのですが、どのようなものなのですか。

単筒式のショックアブソーバーには、複筒式にあった周囲の**リザーバー室**がありません。その代わりに本体下部に高圧窒素ガスが封入され、オイル室とは**フリーピストン**で仕切られています。つまり、オイルとガスが完全に分離されているわけです（左図）。

複筒式では、伸び行程のときにリザーバー室の空気が本体の中に入り込む**キャビテーション**という現象が起き、正規の**減衰力**を発生できないことがあるのですが、単筒式ではそれがありません（枠内の図）。

◩伸び側、縮み側ともピストンのバルブ部で減衰力を発生する

この方式では、**伸び側**、**縮み側**の減衰力ともピストンの**バルブ部**によって発生させます。伸び行程では、ピストン上室が加圧されてオイルは伸び側のバルブを通り抜け、下室に移動します。このときの抵抗が減衰力となります。これは複筒式と同じと考えていいでしょう。

縮み行程では、オイルがピストンの下室から上室にバルブを通り抜けます。そのときの抵抗が減衰力となります。**ベースバルブ部**で減衰力が発生していた複筒式とはこの点が異なります。この場合、ピストン上室が負圧にならないように、リザーバー室の窒素ガスの圧力を高めてあります。

◩安定した減衰力を発生させるのには好適

単筒式は開発者の名前から**ド・カルボン式**とも呼ばれ、複筒式よりもショックアブソーバー内のオイルを多くできること、本体が外気に触れていることなどから、ショックアブソーバーへの負担が大きいラリーなどのモータースポーツでは、好んで使われてきました。

現在でもビルシュタインやオーリンズといったメーカー（ブランド）はモータースポーツではおなじみになっています。単筒式は確かに高性能な面はあるのですが、コストが高目になることや、一般走行では高圧ガスの反力で乗り心地が悪化することなどもあり、使用用途を選ぶという面があります。

ノーマルとしては複筒式が多いので、アフターパーツとして市販されている単筒式があれば装着して試してみるのも面白いでしょう。

単筒式ショックアブソーバーの構造

単筒式ショックアブソーバーは、下部にフリーピストンを介して高圧窒素ガスを封入してあるのが特徴。減衰力は伸び側も縮み側もピストンに設けられたバルブ部によって発生する。本体の径自体を太くできるので、オイルの量も多く、外気に接しているので温度も上がりにくく安定した減衰力を発生する傾向となる。

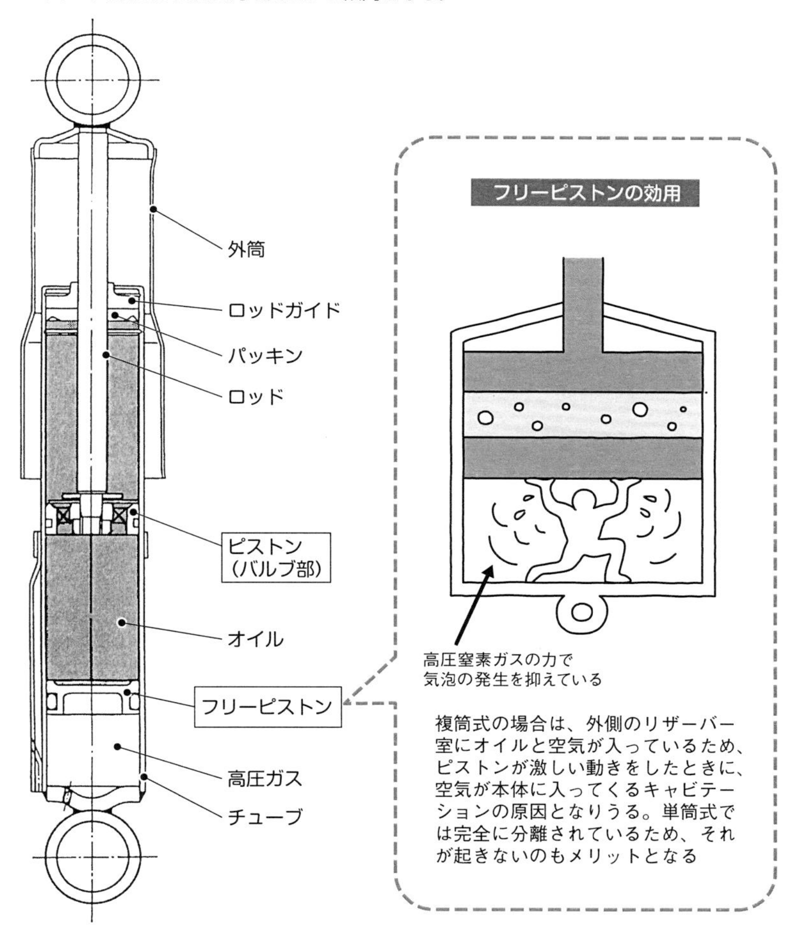

POINT

◎単筒式は本体下部にフリーピストンを介して高圧窒素ガスが封入されている
◎これにより、オイルに気泡が発生しないために、激しい動きに耐えられる
◎減衰力は伸び側、縮み側ともにピストンのバルブ部を通るオイルにより発生する

減衰力調整式ショックアブソーバー

減衰力調整ができるショックアブソーバーがありますが、これはどのような構造になっているのですか。あらゆる使用状況に対応できるということなのでしょうか。

アフターマーケットでは、減衰力調整機能付きのショックアブソーバーが市販されています。シンプルに「ソフト」「ノーマル」「ハード」の3段階くらいの調整機能を持ったものから、モータースポーツ用では20段階など細かく設定できるもの、あるいは、伸び側、縮み側を別々に調整できるものなどもあります。

◩ロータリーバルブのオリフィスを選択する

ここでは調整方法の一例を解説します（上図）。減衰力特性の調整を**オリフィス**の大きさを選択して切り替えるようにした方式です。大きさの異なるオリフィスを複数設けた**ロータリーバルブ**が**ピストンロッド**の中に入れられています。ロータリーバルブのオリフィスは、ピストンロッドの中心に通した**コントロールロッド**を回転することにより選択できます。

オリフィスを選ぶと、そのオリフィスの面積にあった減衰力特性が得られます。もちろん、減衰力は**リーフバルブ**にも依（よ）っていますので、オリフィスとリーフバルブの特性を組み合わせた複数の特性となるわけです。

ロータリーバルブの径を大きくすれば、特性の選択幅も広がりますから、そのためにオリフィス可変部をショックアブソーバーの側面に設けて8段式などの多段式にしたものなどもあります（下左図）。

◩ベースとなる減衰力があるので、セッティングには限界がある

減衰力調整式とはいっても、リーフバルブを変えたりできないことなどから、ベースとなる特性の減衰力があって、それを中心に強くしたり、弱くしたりするということになります。どのようなシチュエーションにもマッチさせられるというものではありません（下右図）。

競技専用品などは、**伸び側**、**縮み側**の減衰力調整を別々にすることができないと、やはり本格的なセッティングはできないですし、そのへんはプロの領域にもなってしまいます。

一般的には、普段乗りではちょっと柔らかめに、高速道路などでシャキッと走りたいときは普通より硬めに調整することで、走りの幅を広げられるということになるでしょう。

減衰力調整式ショックアブソーバーの一例

ピストンロッドの中心にある重層になったロータリーバルブをコントロールロッドで回転させる。オリフィスを中間、右に60°回転、左に60°回転のどこに設定するかでオイルの経路を開閉し、減衰力を調整している。

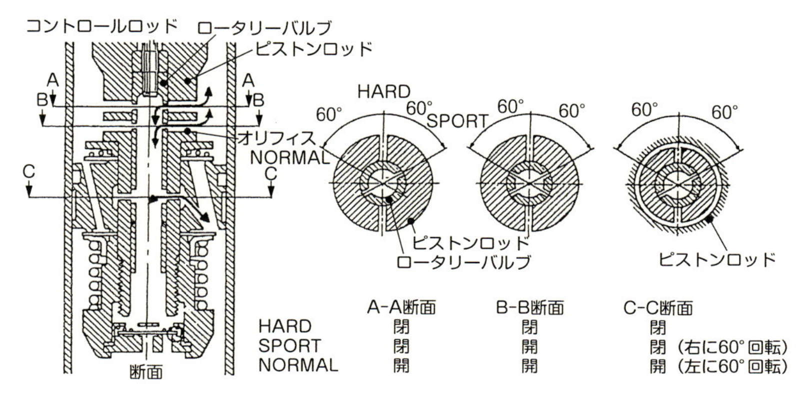

	A-A断面	B-B断面	C-C断面
HARD	閉	閉	閉
SPORT	閉	開	閉（右に60°回転）
NORMAL	開	開	開（左に60°回転）

サイドダイヤルで調整領域を広げた例

ダイヤルをサイドに持ってくると内部のロータリーバルブが大きくできるので調整幅が広がる。

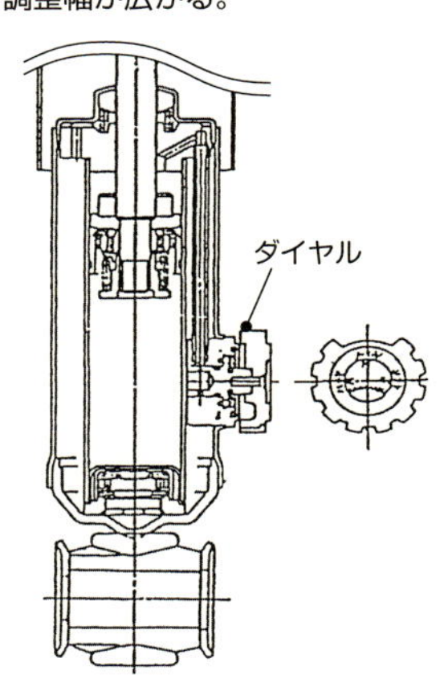

調整による減衰曲線の変化

3段調整式の減衰力の変化の例。縦軸が減衰力で横軸はピストン速度となる。調整式に限らず減衰力は伸び側を強くする傾向となる。

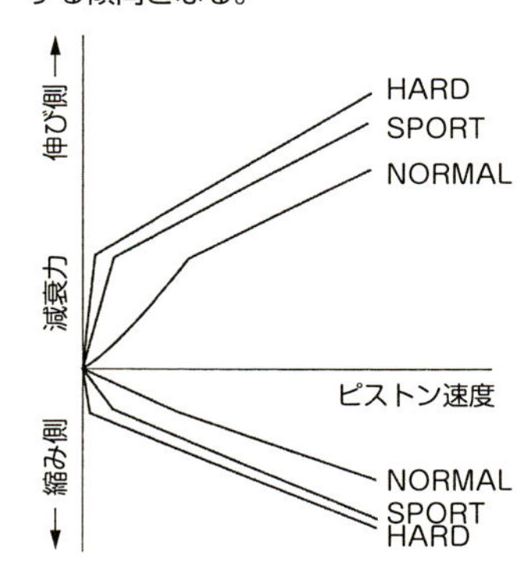

POINT

◎ショックアブソーバーはいくつかの方法で減衰力を調整できる
◎一般道や高速道、峠道など状況に合わせて使用できる
◎ベースの性能を基本に、ある程度の幅での調整なので万能ではない

スタビライザー、コンペンセーター

サスペンションの話をしていると、「ロールを抑えるためにスタビを太くした」という表現が出てくることがあります。どうしてスタビ（スタビライザー）を交換するとロールが少なくなるのですか。

クルマは前後にピッチング、左右にローリングという動きをします。この量はスプリングの硬さ（**スプリングレート、バネ定数**）に影響されます（82頁参照）。

◩同じバネの硬さではロールの方が大きくなる

クルマのタイヤの前後の距離（**ホイールベース**）と左右の距離（**トレッド**）は当然ながら違っていて、ホイールベースの方が長くなります。

ということは、スプリングの硬さが同じで、同じ荷重が乗ったとすれば、ピッチングと**ローリング**の角度だけを考えると、トレッドが短い分**ロール角**の方が大きくなります。大きいロール角を抑えるためにスプリングを硬くすると、もともとちょうど良かった**ピッチング**が少なくなりすぎ、結果として乗り心地が悪化するということです。

そこで**スタビライザー**の登場です。これは**独立懸架式**の左右のサスペンションを1本の棒で連結するものです。そして、外側のタイヤが**ロール**して沈み込むと、内側のタイヤを持ち上げようとします。結果としてロールが減るので、コーナリング時だけスプリングレートを上げたのと同じ効果を持ちます（上図）。

スタビライザーの径を太くすれば、それだけ持ち上げようとする力も強くなるので、前述の「ロールを抑えるためにスタビを太くした」という表現になるわけです。

◩かつてはピッチング時に作用するコンペンセーターも

このパーツとまったく逆の働きをするパーツもかつてはありました。**コンペンセーター**といって、ロールには関知せず、ピッチングのときだけ働くというものです（下図）。1960年代のスポーツカー、いすゞ・ベレットなどにも使用されました。スタビライザーがボディ側で2点支持しているのに対して、1点支持としている点が大きな違いです。

こうすると、ロールしたときはコンペンセーターが傾くので作用はありませんが、左右輪が同時に動くときだけ作用して**キャンバー変化**（100頁参照）を抑えます。ベレットは**スイングアクスル式**（54頁参照）というキャンバー変化が大きなサスペンションを使用していたというのがその理由ですが、現在では見られなくなっています。

スタビライザーの例

一般的なトーションバー(76頁参照)を用いたスタビライザー。1本のバーが、ブッシュなどを介してボディに2点留めされ、両端は左右のサスペンションに連結される。ボディの取付部は回転が可能となっていて、片方のサスペンションが縮めばもう片方も縮むという作用をする結果ロールが少なくなる。

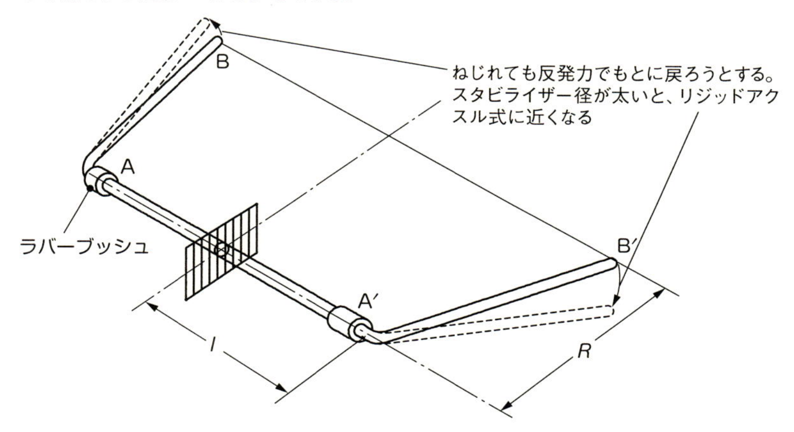

コンペンセーターの例

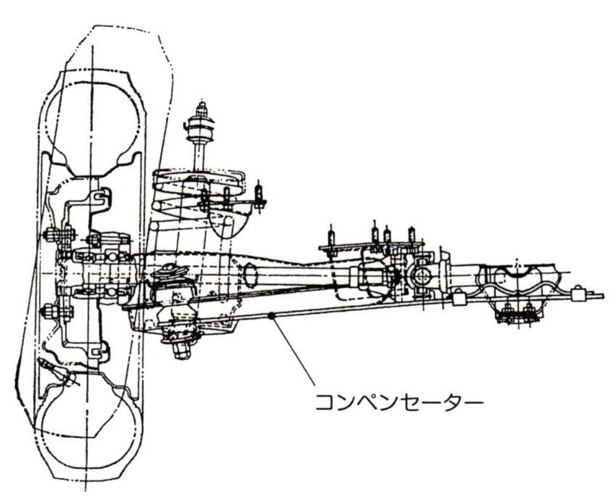

現在では見られなくなってしまったが、ピッチングを抑えるコンペンセーターというパーツもある。これはローリング時には作用せず、ピッチングが起きたときだけ作用するもの。キャンバー変化が抑えられるなどの特徴がある。

POINT

◎スプリングだけではローリングがピッチングより大きくなる
◎スタビライザーは左右のサスペンションをつなげるバー
◎ローリング時にだけ、スプリングを硬くしたのと同じ効果が得られる

3-2 ブッシュ、ピロボール

サスペンションに関する話の中で「ブッシュ」という言葉を聞くことがあります。ゴム製だということですが、どのような役割を果たすものなのですか。また、どうしてゴム製なのでしょうか。

ブッシュとは、アームやリンクの可動部に使用して、サスペンションのスムーズな動きを助けるためのものです。かつては金属製のものが使用されていましたが、定期的なグリスアップが必要でメンテナンスにも時間がかかっていました。

◩地味ながらもサスペンション性能を支えるカナメとなる

現在は、ゴムの性能が良くなったために、強化ゴム製が主流となっています。もっとも使用箇所によって工夫がされており、ブッシュの芯に金属を入れたもの、液体を封入したもの、すぐりを入れたものなどもあり、それぞれ適材適所に使用されています（上図）。

サスペンション形式によっては、このゴムのブッシュの変形を積極的に使うことにより、クルマが曲がりやすくなるようにしているものもあります。

ゴムなのでどうしても経年劣化は避けられません。新車のときはシャキッとした足回りでも、ショックアブソーバーだけでなく、このブッシュのヘタリや切れなどにより性能が落ちてしまうことがあるので要注意です。逆にいえば、それだけサスペンションにとって重要なパーツであるともいえます。

◩サスペンションのチューニングポイントの１つ

スプリングや**ショックアブソーバー**だけでなく、このブッシュもサスペンションのチューニングポイントです。基本的には強化ゴムをさらに硬くした**強化ブッシュ**が使用されることになります。もともと動くように設計されたところを硬くしてしまうので、考えどころではありますが、基本的には必要のない動きを抑えることで操縦性アップが狙えます。

また、一部スポーツカーやレーシングカーには、ゴムではなく金属製の**ピロボール**（球面ジョイント）が採用されることもあります。ゴムの弾性がなくなるため、乗り心地の悪化が発生する場合もありますが、サスペンションを設計どおりに動かすためには、こちらの方が適している場合があります。こうしたパーツはスポーツパーツとして市販されています（下図）。

昔の金属製のブッシュとは違い、グリスアップなどの必要はありませんが、交換するという面ではコストがかかります。

ゴムブッシュの使用例

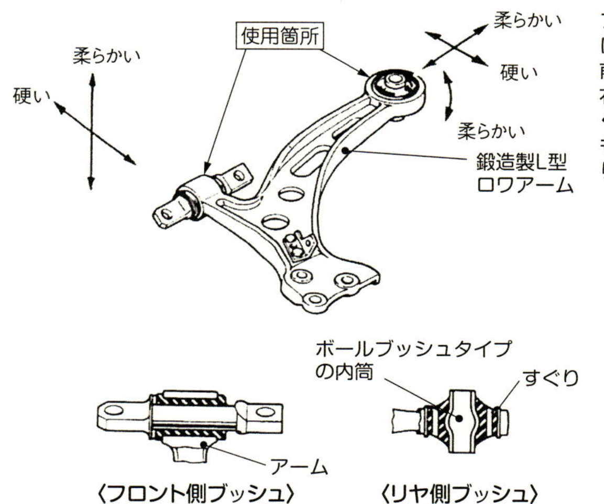

フロントロワアームの付け根に使われているゴムブッシュ。前側は可働させせつつも上下左右にゴムで弾力を、後側はすぐりを入れ前後左右に弾力をもたせ、スムーズな動きと乗り心地を確保している。

ピロボール（スフェリカルベアリング）の例

モータースポーツなどで、サスペンションを新たに設計し直したり、ノーマルのサスペンションのままでも交換できるところでは、ゴムを排してピロボールが採用される場合がある。ゴムだとファジーな動きが出るが、ピロボールを採用すると設計どおりのかっちりとした動きとなる。

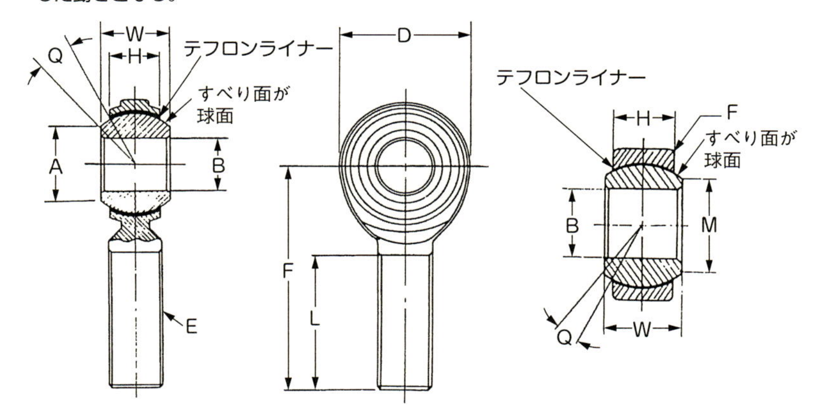

POINT

◎乗用車ではアームの取付部などに強化ゴム製のブッシュが使用され、サスペンションのスムーズな動きを助けるとともにゴムの弾性で乗り心地を向上させる
◎乗り心地が重要視されないときは、強化ブッシュやピロボールが使用される

COLUMN 4

ショックアブソーバー交換の

効果をクルマの動きで知った話

サスペンション系のパーツで、最初に自分で交換したものはショックアブソーバーです。もちろん、本来はスプリングとセットで考えなければいけないものなのですが、当時のジムカーナやダートトライアルといった参加が容易でお金のかからないモータースポーツでは、スプリングを交換した場合、自動車検査登録事務所で構造変更の手続きをしなければならないというハードルがありました。

当時の私は、ショックアブソーバーを交換することの意味がよくわかっていませんでした。ダートトライアルに参加したのですが、極端に言えば「みんな専用品に交換しているから自分もそうする……」というような低レベルの話です。路面の凹凸があるから、ノーマルだとすぐに壊れてしまうんだろうなというくらいの考えでした。

そんなドライバーでも、練習をしてイベントに臨めばまあまあの成績が出たものですが、ある初級クラスのダートトライアルに出場したときに、ショックアブソーバーの重要性を感じたことがありました。そのイベントには、私としては当然勝つ気満々？　で臨み、それなりに一所懸命走ってタイムを確認すると、あまり芳しいものではありません。

意気消沈していると、私の走りを見ていてくれた全日本戦に参加していたドライバーが「ちょっと走りが苦しそうだね。足回りがよくないんじゃない」と声をかけてくれました。

後日、分解チェックしてみると、ショックアブソーバーが抜けていました。私にとってかなり高価な海外製のショックアブソーバーだったので痛手でしたが、声をかけてくれたドライバーが、スタンダードな国産品を譲ってくれました。それを付けてまた次のイベントに臨んだところ、すっかり走りが軽やかになったのを自分でも感じることができた上に、成績も満足のいくものでした。

初めて足回りのパーツの大切さを知った貴重な経験でした。

第5章

アライメントとジオメトリー

Alignment and geometry

ホイールアライメントとは?

クルマの専門書を読んでいると、サスペンションの項目には「アライメント」や「ジオメトリー」の話が出てきます。難しいイメージしかありませんが、これらは何を意味し、なぜ必要なのでしょうか。

サスペンションはどのような形式であっても、最終的にはタイヤと路面をどのように接地させるかがポイントです。

◩ホイールアライメントとジオメトリーの違い

ホイールアライメントとは、タイヤが路面に対してどのような角度になっているかを示すもので、**トー角**、**キャンバー角**、**キャスター角**、**キングピン角**のことをいいます。タイヤが路面と接地することで、サスペンションには多くの力がかかりますが、ホイールアライメントを適切な角度に設定することによって、**直進安定性**や**操縦性**を保つ工夫をするのです（上図、下図）。

ホイールアライメントの他に**ジオメトリー**という言葉もあります。こちらは「もともとの設計」という意味ととらえていいでしょう。イメージ的には、アライメントは調整可能、ジオメトリーは調整不可能と考えていいと思います。

◩ホイールアライメントの4項目

以下に、ホイールアライメントが主に何に影響し、調整することが可能かどうかをまとめておきます。それぞれについては、次項以降で詳しく解説します。

①**トー角**：どのクルマでも必ず調整できるといっていいのがフロントのトー角で、直進安定性に大きく関わってきます。リヤのトー角は操縦性に大きく関わります。

②**キャンバー角**：キャンバー角は**独立懸架式**サスペンションの場合は調整できる場合も多い部分です。これも直進安定性とコーナリング時の接地性に深く関与してきます。独立懸架式サスペンションの場合には走行状態によって角度が変化するのが特徴です。**リジッドアクスル式**の場合には調整できません。

③**キャスター角**：キャスター角はフロントサスペンションにつけられます。これも直進安定性とハンドルを切り込んだときのクルマの反応などに大きく関与しています。レーシングカーなどでは調整しますが、市販車の場合は調整不可な場合が多いといえます。

④**キングピン角**：キングピン角は、ハンドルの操舵力や直進状態に戻るときの復元力（**セルフアライニングトルク**：102頁参照）と関連してきます。基本的に調整はできず、どちらかというとアライメントよりもジオメトリーに近い感じとなります。

ホイールアライメントの必要性❶ 直進時にタイヤに加わる力

直進時には、路面とタイヤの摩擦によって、クルマの直進性を妨げようとする力が働く。トー角、キャスター角、キングピン角などのホイールアライメントを適正にすることによって、その力を打ち消すことができる。

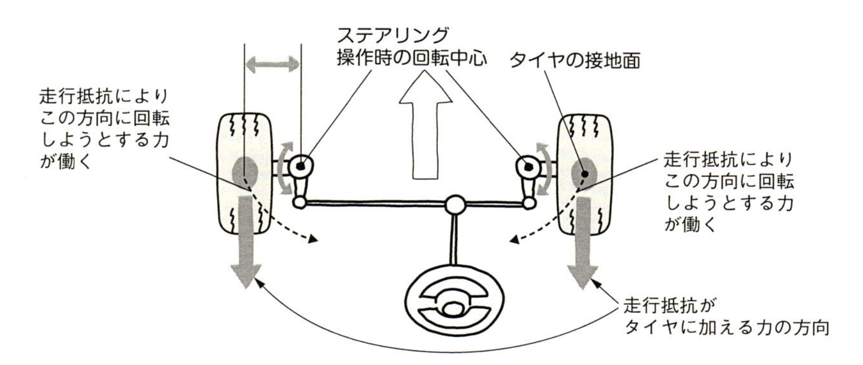

ホイールアライメントの必要性❷ 走行時の荷重変化によりタイヤに加わる力

大人5人が乗車した場合、およそ300kgの荷重がかかることになるが、これを大げさに表現するとイラストのようになる。ホイールアライメントを適度に調整すれば直進安定性は上がるが、左右のタイヤが内側に入っていくように転がると、タイヤに余計な力が加わり、偏摩耗につながることになる。

POINT
◎ホイールアライメントは、タイヤの路面に対するさまざまな角度を指す
◎サスペンションジオメトリーは、もともとの設計のことをいう
◎両方とも走行安定性に大きな役割を果たす

トー角とキャンバー角

ホイールアライメント関連で頻繁に聞く言葉に「トーイン」「トーアウト」、あるいは「ネガティブキャンバー」「ポジティブキャンバー」があります。これらは何を意味するのですか。

◩トー角とキャンバー角がアライメントの代表的なもの

ホイールアライメントで代表的なものが**トー角**と**キャンバー角**です。トー角は、クルマを上から見た際に左右のタイヤが後ろ開きか前開きかということを意味します。前者を**トーイン**、後者を**トーアウト**といい、通常は若干トーインにつけられています（上図）。これはどういう効果があるかというと、左右輪ともに若干タイヤが内側に切れている状態となっていることから**直進安定性**を増すことができます。ただし、極端なトーインはタイヤが常に切れている状態になることから、**偏摩耗**の原因となり良くありません。

キャンバー角はクルマを前から見たときの、路面に対する角度のことです（中図）。タイヤの上部がボディ側に倒れていれば**ネガティブキャンバー**、外側に倒れていれば**ポジティブキャンバー**ということになります（下図）。

タイヤの性能を十分に発揮させるということでは、タイヤは常に路面に対して90°に直立しているのが良いといえます。ただし、**独立懸架式**サスペンションで、とくにコーナリングを考えた場合には、サスペンション形式によって、ロール時のタイヤの接地角度が変わってきます。そのため、あらかじめキャンバー角をつけておくわけですが、これに関しては次項で詳しく説明します。

◩極端にキャンバー角をつけるとタイヤの性能が活かせない

キャンバー角について、直進時のみに絞って考えてみると、ネガティブキャンバーの場合は、タイヤは内側に転がろうとするので、トーインと似たような効果があります。逆にポジティブキャンバーにすると、外側に転がろうとするので、何らかの入力があると、クルマが不安定な動きをする傾向があります。

ネガティブキャンバー、ポジティブキャンバーともに、加速やブレーキングを伴う減速を考えたときには、90°に接地しているときよりも、タイヤの接地面積が減っていることになります。そういう意味でも極端なキャンバー角はおすすめできません。当然のことですが、そのままの状態で走り続けているとタイヤの内側や外側の摩耗が激しくなります。現在、市販車の独立懸架式サスペンションのキャンバー角は、90°からややネガティブ方向につけられることが多くなっています。

トー角(トーイン)

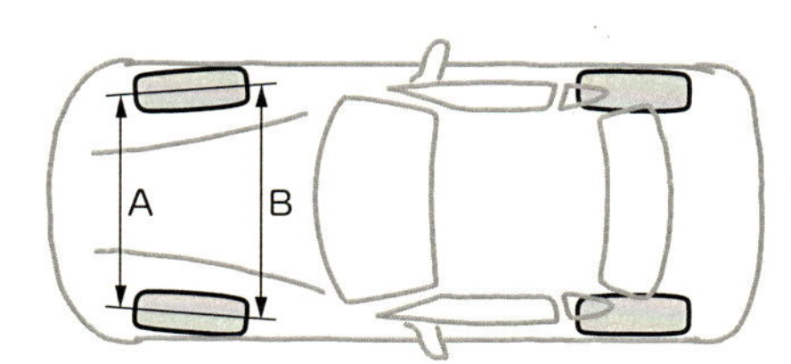

B−A＝トーイン
B>A＝正のトーイン
B<A＝負のトーイン（トーアウト）

トー角はクルマを上から見たときの進行方向に対するタイヤの角度。図はフロントのみだが、当然リヤにもある。基本は若干トーインにして直進安定性を高める。ただし、あまりトー角をつけすぎると、タイヤの偏摩耗などの不都合が起きる。

キャンバー角

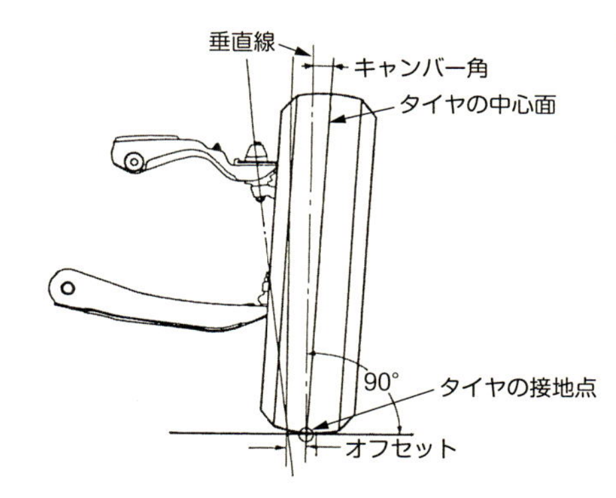

キャンバー角は、正面からクルマを見たときのタイヤの路面に対する角度で、タイヤの中心面と垂直線のなす角度のことをいう。

ネガティブキャンバー、ポジティブキャンバー

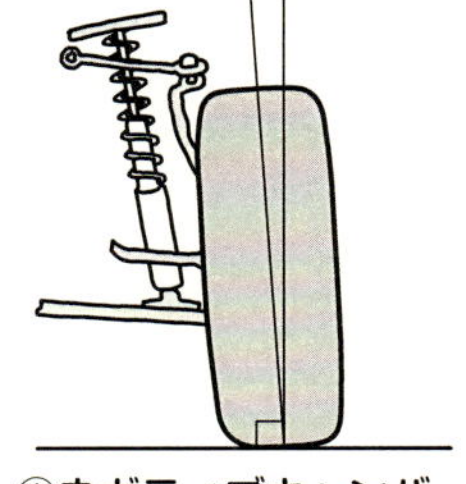

①ネガティブキャンバー

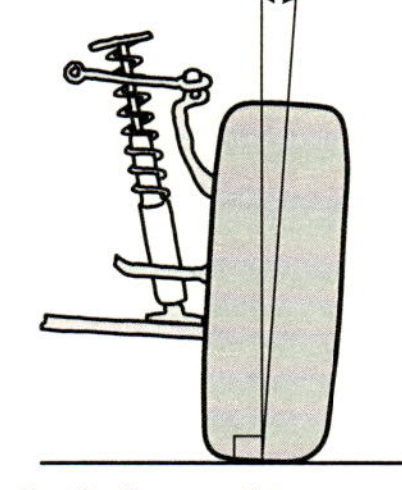

②ポジティブキャンバー

かつてはハンドルを軽くするためにポジティブにつけられたりしたが、現在は操縦性の向上のため、若干ネガティブにつけられることが多い。

POINT

◎ホイールアライメントはトー角とキャンバー角に代表される
◎トー角は直進安定性、キャンバー角は操縦安定性への影響が大きい
◎どちらも極端な角度をつけると、マイナス面が大きく出るようになる

ローリングとキャンバー変化

コーナリング性能を上げるには、ネガティブキャンバーにした方がいいと聞きました。レーシングカーなどを見ると、少しタイヤの角度がハの字になっているようですが、それはなぜですか。

それほど極端ではありませんが、F1マシンはもちろん、レーシングカーには**ネガティブキャンバー**がついていることが多くなっています。乗用車も、見てわかるほどではありませんが、ネガティブに角度がついていることが多いのは事実です。

◩コーナリングを考えるとネガティブキャンバーがいい

これは**コーナリング**と関係しています。例えば、**ストラット式**サスペンションの場合を考えてみます（上図①）。**ロワアーム**と**ストラット**が垂直だとすると（現実には**下反角**（かはんかく）※がついていますが）、コーナリングで外側サスペンションが沈んだときに、ロワアームが上に動いた分だけ、キャンバーはポジティブ方向になります。これだと、タイヤの外側から**サイドウォール**（146頁参照）を使うことになってしまい、タイヤの性能が発揮できません（下図①）。

あらかじめ若干ネガティブ方向にしておけば、ある程度の**ロール角**までは、ネガティブから垂直までタイヤの角度が動き、比較的良好なタイヤの路面への接地を得られることになります（下図②）。

ダブルウイッシュボーン式はアームが平行等長ならボディに対しての**キャンバー変化**はありませんが、ボディがロールするとタイヤも一緒に外側に倒れてしまい具合が良くありません（上図②）。

◩ダブルウイッシュボーン式も工夫が必要

そこで、アッパーアームを短く、アームの角度もボディ側を狭くすることで、ロールするとキャンバーがネガティブにつくようにして、接地面を確保しています。こういう面でも、ネガティブキャンバーをつけておいても、ロワアームがストラットに対して垂直を越えてしまうとポジティブ方向に動くストラット式よりは、ダブルウイッシュボーン式の方がコーナリング性能に優れていることを理解できます。

今説明したのは、フロント側のサスペンションについてですが、基本はリヤも一緒です。こういう面で考えると、フロントがストラット式、リヤがダブルウイッシュボーン式あるいは**マルチリンク式**というサスペンション形式は、相対的にリヤの限界が高くなるために、**アンダーステア**（16頁参照）な特性となり、一般的には安全な設計になっているといえます。

※　下反角：ロワアームのタイヤ側が水平よりも地面に近い状態の角度

サスペンション形式とキャンバー変化

ストラット式の場合、アームがストラットに対して垂直を越えるとポジティブキャンバー方向に動く(①)。そのため、ネガティブキャンバーやアームに下反角をつけて対策をする。ダブルウイッシュボーン式でも平行等長アームでは車体との角度は変わらない(②)。そのため、ロワアームを長く、タイヤ側を広くアームを設置して、ネガティブ方向に動くようにする。

①ストラット式

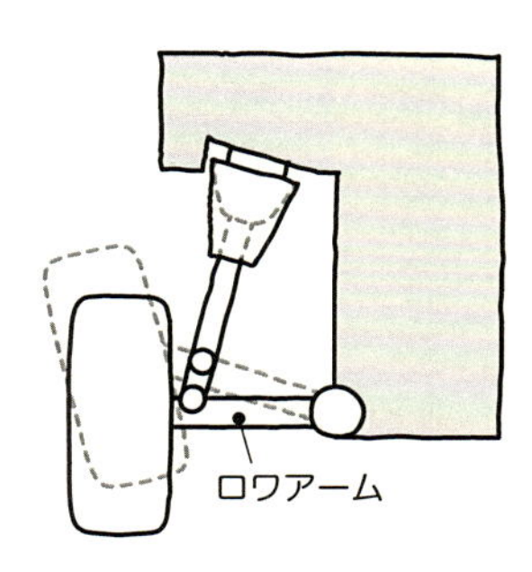

②ダブルウィッシュボーン式
※上下アームが同じ長さの場合

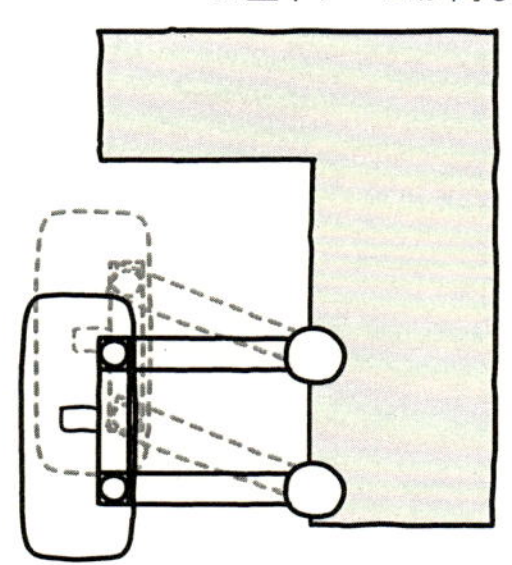

キャンバー角とコーナリング時のタイヤ角度

サスペンション形式やジオメトリーにもよるが、ゼロキャンバーでコーナリングした場合、外側のタイヤが外に倒れてしまうと、コーナリング性能が発揮できない(①)。そのため、あらかじめネガティブキャンバーをつけておいてタイヤの接地性を高めるようにする(②)。

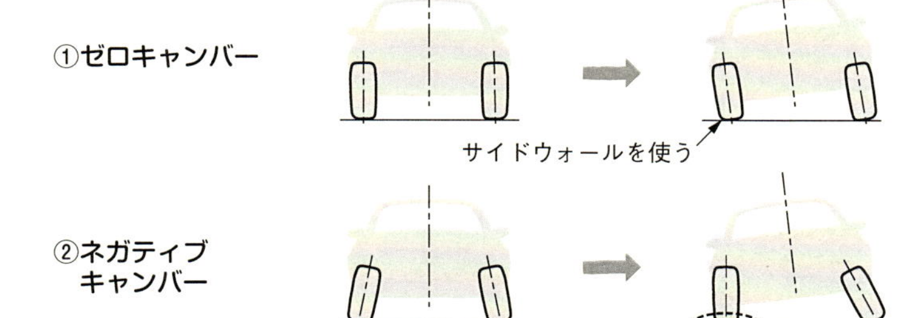

POINT

- ◎ネガティブキャンバーをつけておくのはコーナリングのため
- ◎サスペンションが沈んだときに、タイヤの接地角度を保つことができる
- ◎サスペンション形式によっても考え方が違うので注意が必要

キャスター角

イスや台車のタイヤ部分を「キャスター」と呼ぶなど、クルマ関連以外の日常生活でもキャスターという言葉はよく聞きます。そもそもキャスターとは何を意味するのですか。

クルマの**キャスター角**は、タイヤを横から見たときの転舵軸（**仮想キングピン軸**ともいう。次項参照）の角度のことを指します（上図）。イスや台車のキャスターも基本的には同じです。移動用のコロという意味で使われると思いますが、後ろから押したときにキャスターの向きがすべて同じ方向になり、まっすぐに押しやすくする工夫が取り入れられています。

◩キャスター角が大きいと直進安定性に優れる

キャスター角は、限度はありますが、転舵時にこの角度が大きい（寝ている）ほど**直進安定性**に優れるようになります。

また、ステアリングを切り込むと外側のタイヤに**ネガティブキャンバー**がつくことから、路面との接地性も良くなり、**アンダーステア**が弱まる方向になります。ただし、大舵角になると接地が悪くなるので、曲がりづらいという面もあります。

直進安定性を高くするという意味では、リヤ駆動のスポーツカーやグランドツアラー（GT）などがキャスター角が大きい傾向があります。逆にFF車は、前輪駆動なのでリヤタイヤを前から引張り、もともと直進安定性が優れる傾向があるため、キャスター角が小さい場合が多くなっています。キャスター角が小さい方が小回りがきいて、狭い路地などを走るのには向いています。

◩ハンドルが自然に戻るのもキャスター角のおかげ

もう1つ、キャスター角の役割としては、切ったハンドルを直進状態に戻そうとする力が発生することがあります。これを**セルフアライニングトルク**（SAT）といいます。仮にキャスター角のないクルマでハンドルを切ったとすると、ハンドルをどこまで切ってもタイヤの接地中心と、回転軸が地面に接する点との距離は左右同じです（下図①）。

キャスター角をつけると、カーブの外側のタイヤの接地面中心と、回転軸の距離が長くなり、その分、もとに戻ろうとする力（モーメント）が大きくなるのです（下図②）。その左右のタイヤのモーメントの差でセルフアライニングトルクが発生し、ハンドルを切ってカーブを曲がり直進に向かって行くと、ハンドルが自然に直進状態に戻ろうとするわけです。

キャスター角

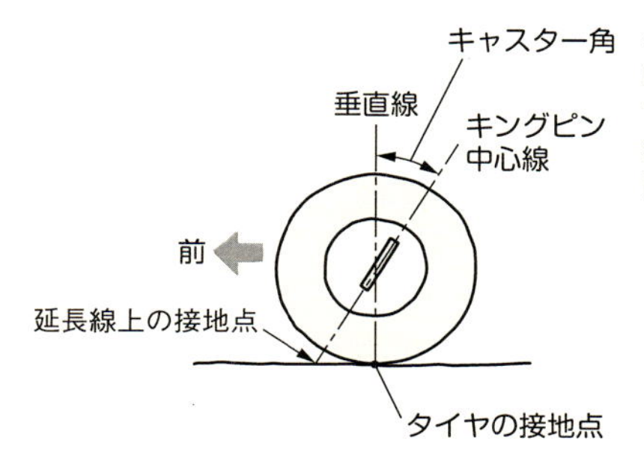

キャスター角とは、タイヤを横から見たとき、転舵をした場合の垂直線から転舵の中心線までの角度のこと。キャスター角の延長線上の接地面とタイヤの接地面の距離が長いほど、直進安定性は高まる傾向となる。

キャスター角とセルフアライニングトルクの関係

キャスターなしの場合(①)、旋回中もタイヤの中心とキャスター角の延長の距離が変わらないため(A=B)、あまり影響はないが、キャスター角をつけると(②)、外側のモーメントが内側より大きくなり(a<b)、セルフアライニングトルクが生まれる。

①キャスターなし　②キャスターあり

直行時

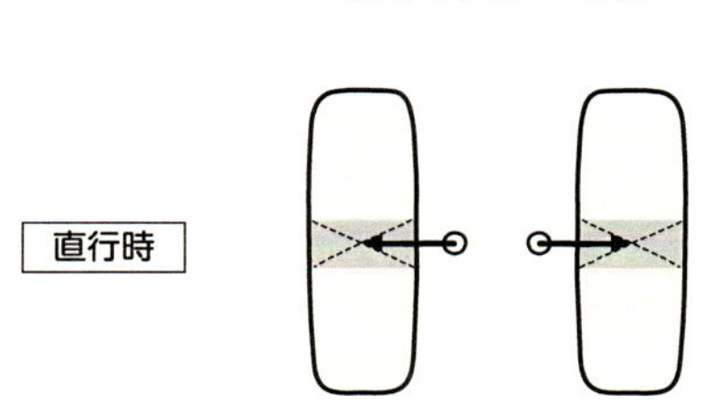

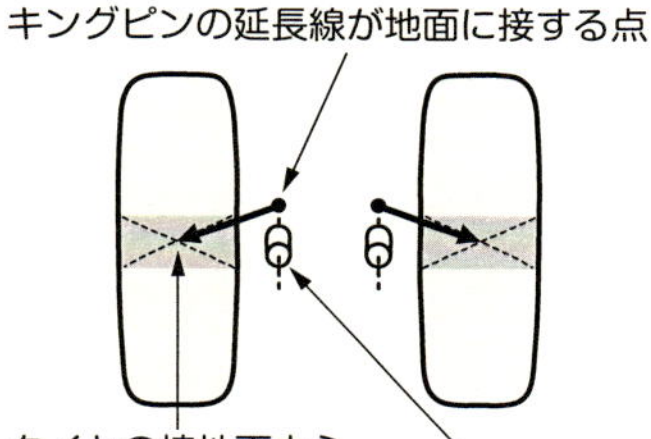

左旋回時

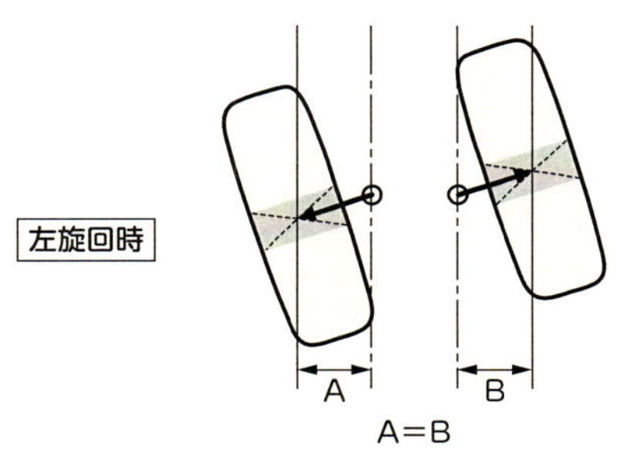

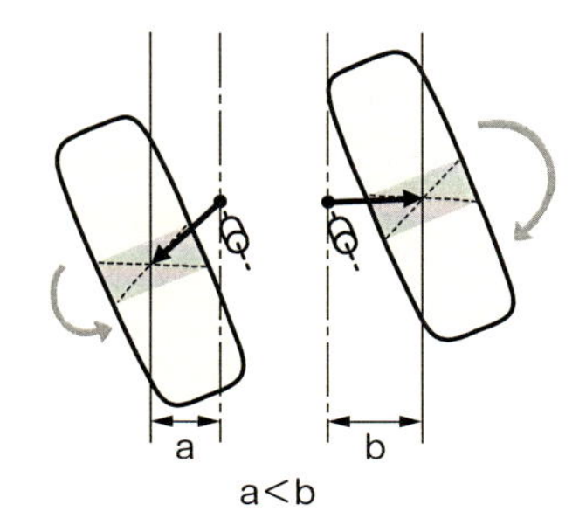

POINT
◎キャスター角とは、横から見たときの転舵の中心線
◎この角度が大きいと直進安定性が増す
◎キャスター角があることで、ハンドルが直進状態に戻ろうとする

キングピン角

キングピン角とは、あまり聞き慣れない言葉です。キングピンというと、何か回転する部品かなという気はするのですが、実際はどのようなものなのでしょうか。

ハンドルを操作したときのタイヤの回転中心を**キングピン**といいます。横から見ると**キャスター角**となりますが、前から見たときの左右の傾きをとくに**キングピン角**といいます（上図①）。

キングピンというパーツは、フロントが**リジッドアクスル式**の場合には実際に存在します（中図）。しかし、**独立懸架式**サスペンションの場合には、このパーツがなくても、ハンドルを切ったときのタイヤの中心があるので、**仮想キングピン軸**とか**仮想キングピン角**と呼ばれます。

◪キングピン角によって、ハンドルの操作力を軽減する

キングピン軸は通常は正面から見て内側に倒れるようになっています。これは**キャンバー角**に関係なく、ハンドルの操作時のタイヤの回転中心と、タイヤの接地面中心が接近するようにしているからです。

こうすることで、支点から作用点（上図①のO–M）の距離が短くなるために、テコの原理でより小さい力でハンドル操作ができるようになります。

また、クルマの地上高が変わらないと仮定した場合、キングピン角があることで、ハンドルを切るとタイヤは地面より下に動こうとします。言い方を換えれば、直進状態でハンドルが一番高い位置にあり、ハンドルを切るとタイヤの位置が下がるということです（上図②）。

◪タイヤが直進状態に戻ろうとする力もサポートする

これは実際には、ハンドルを切るとクルマを持ち上げるという作用となります。このためキャスター角と同じく、ハンドルを握る力を弱めると、クルマは下に下がろうとしますから、ハンドルに**セルフアライニングトルク**が発生します。

タイヤを正面から見た角度という面では、キングピン角とすでに解説したキャンバー角は深い関係があります。これは合わせて考える必要があり、この両者を足した角度の数値を**インクルーデッドアングル**と呼んでいます。

最後に、キングピン軸とタイヤの接地面中心を同一とした例を紹介します（下図）。スバルff–1のサスペンションですが、これは内側に倒すというよりは、タイヤの接地中心と合わせるということがポイントで、FF方式では理想の形ともいえます。

キングピン角の意味とその作用

キングピン角は、ハンドルを切ったときの回転の中心を正面から見たもの。キングピン角の地面への延長線は、通常はタイヤの中心から距離がある。それを近くするとハンドルの操作力が小さく、直進安定性にも優れる。また、直進への復元力が生まれる。

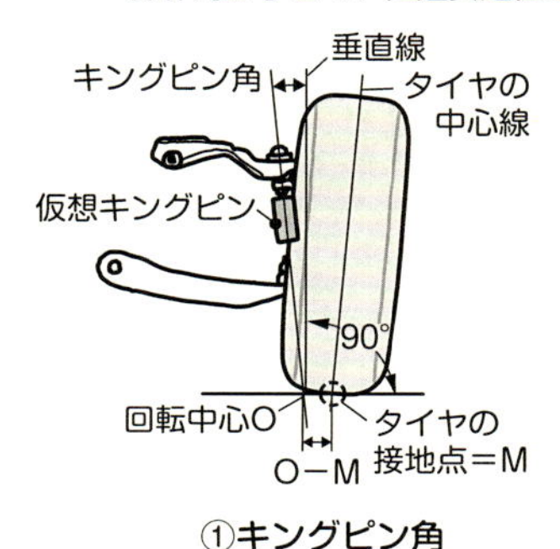

①キングピン角

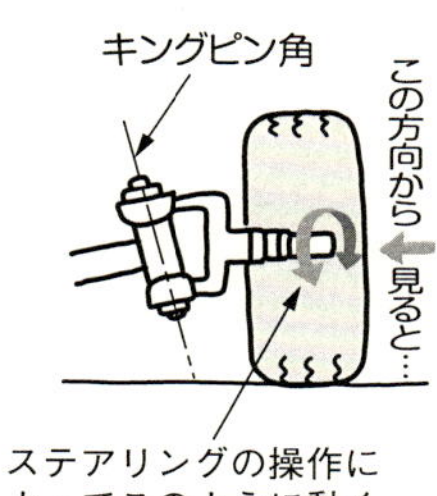

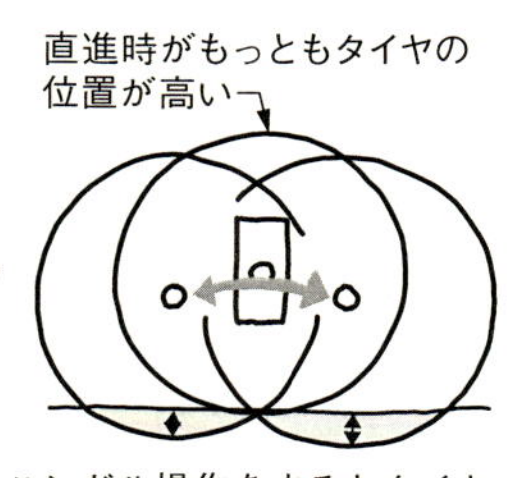

②ハンドルの復元作用

リジッドアクスル式サスペンションのキングピン

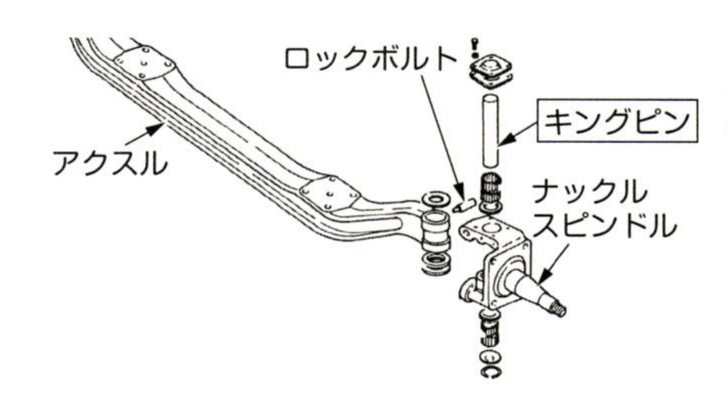

トラックやバスなどの大型車で、フロントにもリジッドアクスル式が用いられている場合、キングピンが存在する。

キングピン軸とタイヤ中心が一致する方式

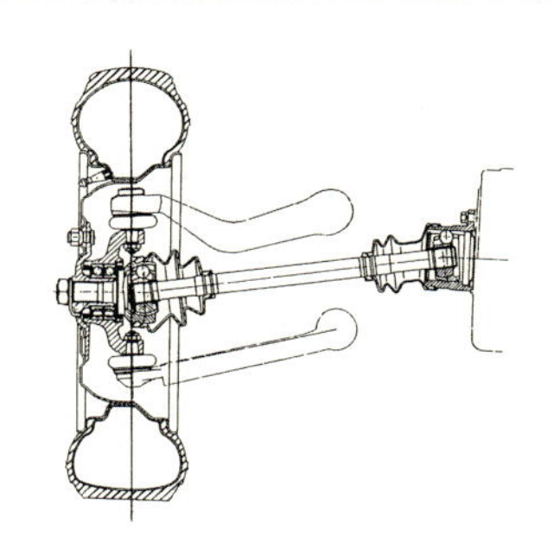

1969年にスバルがff-1で採用した方式。キングピン軸とタイヤ中心線が同一となっている。FFでは、キングピン角の延長線の接地面とタイヤの中心線に差があると、キングピン角周りにモーメントが発生するが、それを消すことができる。

POINT

◎キングピン角は、前からクルマを見た場合の転舵の中心の角度
◎通常は内側に倒れていて、タイヤの中心との距離を狭める役割を持つ
◎ハンドル操作に必要な力の低減や、直進安定性の確保などを受け持つ

アッカーマンジオメトリー

自分のクルマをたまたまハンドルを切った状態で見たところ、タイヤの左右の切れ角が違っていて、内側の方が外側よりも切れ角が多いように見えます。サスペンションが故障しているのですか。

アッカーマンジオメトリー（アッカーマン・ジャントー式）という言葉は、聞き慣れない人が多いかもしれません。ハンドルを切るとフロントタイヤに角度がつきますが、実は乗用車の場合、左右で角度が違います。もし気になるようなら、自分のクルマで確認してみるといいかもしれません。

ハンドルを切ってタイヤの**切れ角**をよく見てみると、内側の切れ角の方が大きくなっていて、中には「このクルマどこか壊れているのでは？」と感じる人もいるようですが、これが普通の状態です。

◩フロントの左右の切れ角を意図的にずらす

この角度は意図的につけられているものです。もし角度が同じだとすると、フロントタイヤの軌跡が交差してしまうために、うまく曲がることはできません（上図）。

現実的には軌跡が交わることはなく、フロントタイヤが横滑りしながら曲がることでクルマが不安定な状態になります。また、舗装路をこの状態で走ると、タイヤが滑るということもあり、すぐにタイヤの**トレッド**がすり減ってしまいます。

そこでアッカーマンジオメトリーをつけて、ハンドルを切ったときに外側の切れ角よりも内側の切れ角を多くしてやることによって、タイヤの軌跡が交差しないようにし、スムーズなコーナリングができるようにしているわけです（下図）。

◩ナックルアームの工夫によって成り立つ

どのようにしてこんなことが可能になっているかというと、タイヤを切るときの支点となる**ナックルアーム**の角度によってです。これを前開きにして、タイヤは**トーイン**などの違いはあるにしても、おおよそ並行にすれば、ハンドルを切ると、内側のタイヤの切れ角が大きくなるわけです（上図と下図のナックルアームの違いに注意）。

ちなみに、レーシングカーなどではアッカーマンジオメトリーを採用しないことがあります。もともとタイヤの限界付近で滑らせながら走るということもありますし、内側と外側が同じ角度で動くということで、よりリニアにクルマが動くという面が多いからというのがその理由です。

このあたりは、クルマの使用状況によって異なってくる部分です。

アッカーマンジオメトリーがない場合

アッカーマンジオメトリーがないクルマの場合、フロントタイヤの軌跡が交差してしまう。実際には交差はしないが、その分をタイヤが滑ることで解消するため、曲がりづらく、タイヤの摩耗も激しくなる。

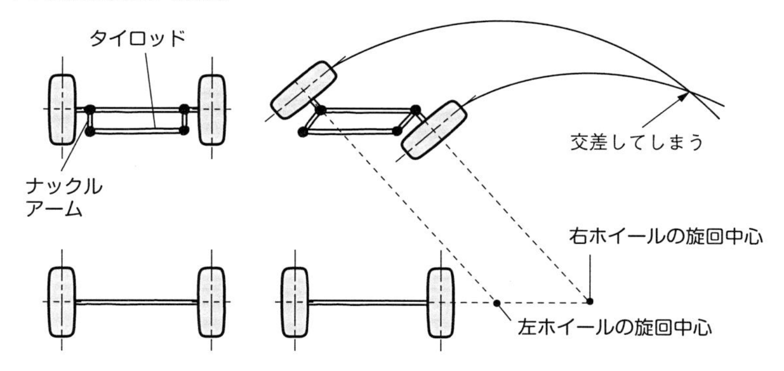

アッカーマンジオメトリーをつけた場合

ナックルアームの角度を前開きにして、アッカーマンジオメトリーをつけると、内側のタイヤの角度が大きくなるために、タイヤの軌跡が重ならず、一般走行ではスムーズなコーナリングが可能となる。

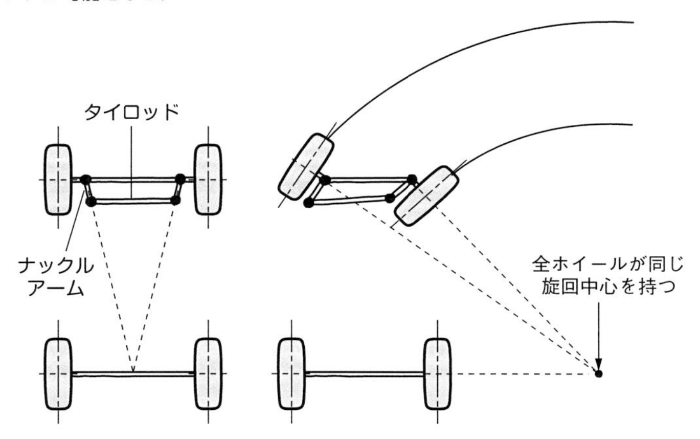

POINT

◎ハンドルを切ったとき、左右のフロントタイヤの切れ角は違っている
◎フロントタイヤの切れ角が同じだと、軌跡が重なる地点がある
◎内側のタイヤが多く切れることによって、スムーズなコーナリングができる

重心とロールセンター

サスペンションの話をしていると、ロールセンターという言葉が出てきます。これはクルマの動きとどのような関係があるのですか。どこにあって、どんな役割を果たしているのでしょうか。

クルマはコーナリングのとき、遠心力によって**ロール**します。この**ロール角**は何によって決まるのでしょうか？　直感的に重心が高い方がロールが深くなる（大きく揺れる）というイメージはあるかもしれません。確かにそういう傾向はありますが、必ずしもそうとも言い切れないのです。

◩ロールセンターと重心の位置関係でロールが決まる

それを理解するには、**ロールセンター**を知る必要があります。求め方を見てみましょう。タイヤの車体に対する回転中心（**瞬間回転中心**）はサスペンションリンク（アーム）の交点となります。**ダブルウイッシュボーン式**の場合は上図のようになり、**ストラット式**の場合はストラット上部から垂直の線となります（下図）。

タイヤの路面に対する回転中心はタイヤの接地点です。ロールは、車体の地面に対する回転ですから、この回転中心を求めます。瞬間回転中心からタイヤの接地中心まで線を引き、それが交わった地点がロールセンターです。

先ほど重心が高くてもロールが深いとは言い切れないと述べました。それはこのロールセンターと**重心**の位置関係に関連しています。ロールセンターと重心は振り子を上下さかさまにしたような関係になります。ロールセンターと重心が離れていればロールは大きくなりますし、近ければ少なくなるのです。

◩無理に車高を下げるとロールが深くなることもある

逆に考えれば、重心が低くてもロールセンターが低くなると、ロールが大きくなってしまうということでもあります。これは、例えばスプリングを短いものに交換して、車高を極端に下げてしまった場合に起こりがちです。

車高を下げると重心も下がりますが、アームの角度が変わってロールセンターが下がる割合の方が高くなります。すると、車高を下げて走行性能を上げるつもりだったのが、ロールセンターが下がることによってロールが大きくなり、タイヤの路面への接地状態が悪化するなどということが起こります。

レーシングカーなどは、そのへんを十分に考えて車高を落としますし、規則が許せば**サスペンションジオメトリー**自体を変えることもあります。また、ドライバーの着座位置はもちろん、エンジンなどの重量物の搭載位置を下げて重心を下げます。

ダブルウイッシュボーン式サスペンションのロールセンター

ダブルウイッシュボーン式の場合、左右のアームの交点(瞬間回転中心)を求め、そこからタイヤの中心までの線を引く。その交点がロールセンターとなる。ここを中心としてクルマはロールするが、重心の位置が高くなると、その分ロール角が大きくなる。

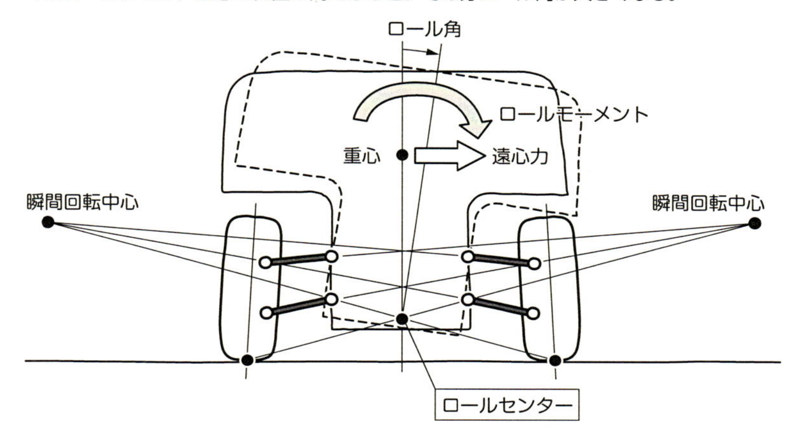

ストラット式サスペンションのロールセンターの改善例

トヨタ・スターレットのロールセンター(RC)。EP71からEP82にフルモデルチェンジされた際に、ロールセンターが上げられ、ロール角が減少した。ストラット式のためアッパーアームはストラットから垂直な線と仮想されている。

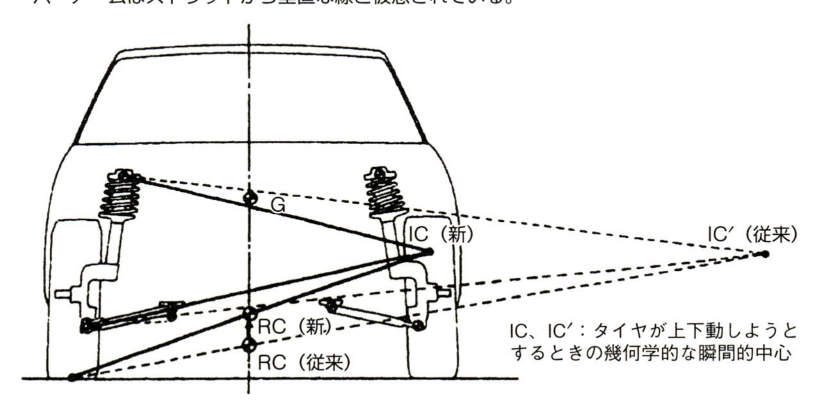

POINT
- ◎ロールセンターと重心の関係によってロール量が左右される
- ◎ロールセンターは、ロールする際の車体の中心となる
- ◎車高を下げるとロールセンターが下がりすぎ、ロールが大きくなることがある

COLUMN 5

素人考えで
アライメントに手を出して失敗した話

アライメントというと、ちょっと苦い思い出があります。私はモータースポーツ専門誌で仕事をしていたので、知識だけはどんどん増えていきました。アライメントで操縦性が変わるなどと中途半端に知っていると、どうしてもいじりたくなってきます。

最初に目をつけたのはキャンバー角でした。ネガティブキャンバーにすればタイヤと路面の接地が良くなると勝手に思い込みました。当時の私のクルマはフロント・ストラット式でキャンバー角の調整ができません。それでも角度を無理やり付けられるとすれば、ストラットとハブキャリアの取り付け位置のみです。

あるとき、ストラットの取り付け用ブラケットの穴を長穴に加工すればネガティブキャンバーになると聞いて、自分で適当にヤスリで穴を削って加工し、ネガティブキャンバーをつけました。

本当はしっかりキャンバーを計測・調整しなければいけなかったのでしょうが、角度も目分量。ぱっと見て少しだけネガティブキャンバーがついているのが、モータースポーツ用のクルマという感じでかっこよく見えました。

当然、デメリットが現れました。左右のタイヤに別々の曲がろうとする力が働いていますから、まっすぐ走りません。タイヤも内側だけ偏摩耗します。挙げ句の果てには、常にホイールとハブが離れようとする力がかかってしまったためか、ハブベアリングを傷めてしまい、その交換のためにかなりの出費をしてしまいました。

これは、根本的にやり方、考え方が間違っていたために起こったトラブルだと思います。こういう精密な調整が必要なところは、まずは正しい方法でやること。そして、きっちりプロにお願いした方が安心でもあり、結果的に安上がりなのだと認識させられた出来事でした。この経験があったせいで、今でもハブベアリングに対しては神経質かもしれません……。

第6章

サスペンションを支えるパーツ

The parts with which a suspension is supported

ステアリング機構の全体像

クルマはステアリングを切ることによって曲がります。このとき、サスペンションも重要な役割を担っていると思うのですが、サスペンションとステアリング機構の関係はどうなっているのですか。

ステアリングを切るとクルマが曲がるというのは、簡単なようで実はいろいろ複雑な要素を含んでいます。タイヤとの関係が重要なのですが、ここでは**ステアリング機構**だけに話を絞ります。

◩ステアリング機構はフロントのトーコントロール機構

ステアリングを切るということは、①**ステアリングギヤ**と直交する**ラックギヤ**を動かす→②**タイロッド**を左右に動かす→③フロントサスペンションの一部である**ナックルアーム**の向きを変えること、と言い換えることができます。厳密には違いますが、左右の**トー角**を同じ角度だけ動かすことだともいえるでしょう（上図）。

次項で解説しますが、現在主流のギヤ機構は**ラックアンドピニオン式**といわれるもので、ほとんどの車種で現在は**パワーステアリング**が装着されています。クルマにとってサスペンション性能が優れていることは非常に重要ですが、ステアリングが重すぎたり鈍すぎたりしては、性能を活かし切ることはできません。そのために重要な役割を担っているといえます。

ラックアンドピニオン式はシンプルな機構で、ナックルアームを思いどおりに動かすことには向いています。ギヤ比はクルマによって適正なものとなるように設定されていますが、少しだけ切るときは緩く、深く切るときはきつくするなど、**バリアブルギヤレシオ**（可変ギヤ比）として、より使いやすさを増しているものもあります。

◩サスペンションを活かすには正しい操作も重要

正確な操作という意味では、**ステアリングホイール**を正しい位置で握るということも大切です。かつては、シートのスライドや背もたれの角度調整はできるものの、ハンドル位置は固定されたままというクルマが普通でした。

現在のクルマは、ステアリングの高さを調節する**チルト機構**や体からの距離を調整する**テレスコピック機構**が取り付けられ、より正確なステアリング操作ができるようになっています（下図）。また、安全性に関してはエアバッグが標準装備されるようになりましたし、運転中にステアリングから手を離さなくていいように、ステアリング自体に、電装系のスイッチが付けられるなどの工夫がされています。

ステアリング機構と概念図

①はダブルウイッシュボーン式のサスペンションとステアリング機構。②はその概念図。アッパーアームとロワアームの間をタイヤ側でつなげるナックルアームがタイロッドと連結されている。ステアリングホイールを回すとステアリングギヤによりタイロッドの位置が移動し、ステアリングに舵角が与えられるしくみとなっている。

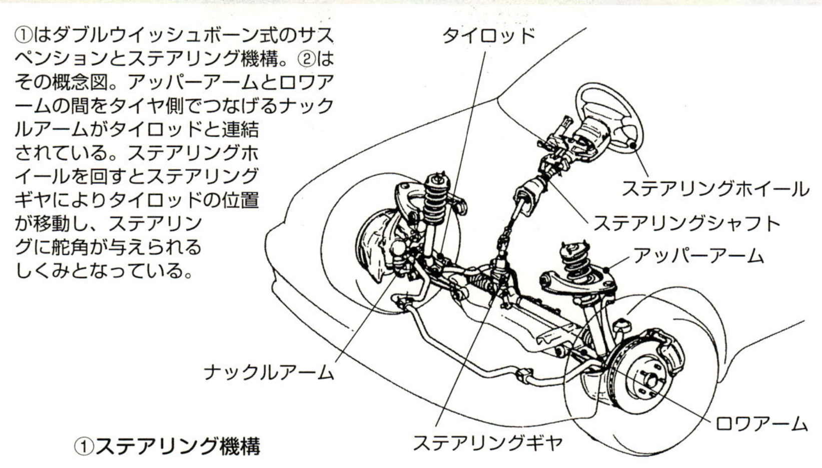

①ステアリング機構

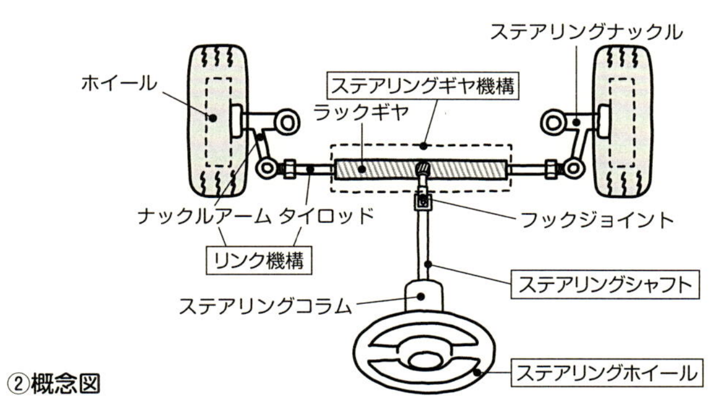

②概念図

チルト機構とテレスコピック機構

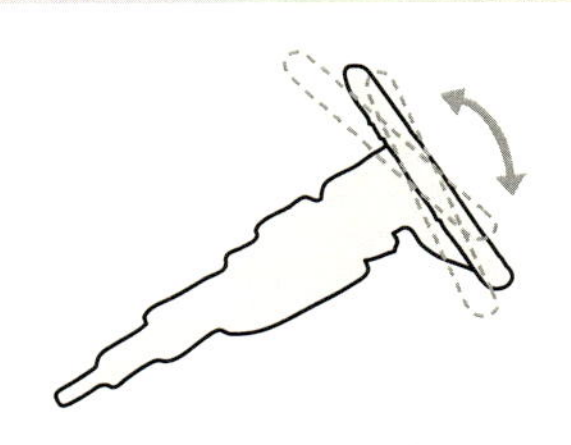

①チルトステアリング

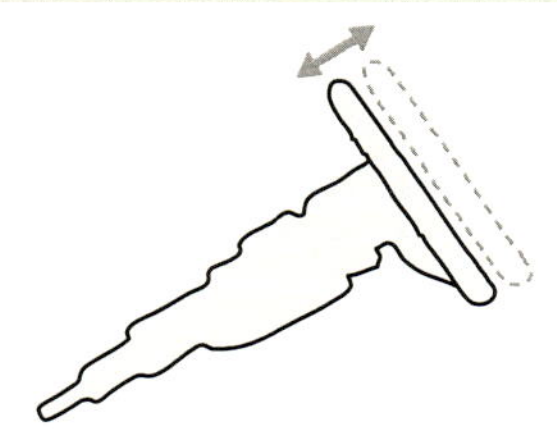

②テレスコピックステアリング

POINT

◎ステアリング機構があって、クルマは曲がることができる
◎ステアリングギヤはタイロッドの位置を移動させてトーをコントロールする
◎ステアリングホイールの調整機構や安全機構もクルマにとっては重要

ラックアンドピニオン式、ボールナット式

ステアリング機構で現在主流となっているラックアンドピニオン式とはどういうものなのですか。また、かつては違う機構を使っていたということですが、それについても教えてください。

前項で、**ステアリング機構**である**ラックアンドピニオン式**について少し触れました。これはもともとスポーツカーなどに使われていた形式で、シンプルさとダイレクトさが特徴です。この機構では、ステアリングとともに回転する**ピニオンギヤ**とそれにかみ合う**ラックギヤ**がギヤボックスの中に入っています（上図）。

◪ラックアンドピニオン式はパワステの普及とともに主流に

ステアリングを回すとピニオンギヤが回転しますから、ラック（ラックギヤ）が左右に動き、それと同軸上につながった**タイロッド**を動かすというのが基本的な機構です。タイロッドエンドは**ナックルアーム**とつながっているので、その動きによってタイヤが左右に切れるというわけです（113頁上図参照）。先に書いたようにダイレクトである半面、ハンドルが重くなったりキックバック（路面からタイヤへの入力がそのままステアリングに伝わる現象）が大きい面もあるのですが、**パワーステアリング**が普及するにつれて主流になってきました。

◪ボールナット式は複雑だがメリットもある

もう1つ、現在でもトラックなどには使用されていますが、**ボールナット式**という方式のステアリング機構もあります。これは、ステアリングを回すと、それが**ウォームシャフト**という部品に伝わります。ウォームシャフトはギヤ溝がらせん状に切られたもので、これが回転すると**ボールナット**という部品が動き、ボールナットがステアリングのリンク機構とつながった**セクター**（セクターシャフト）を動かすことで転舵することができます（下図）。

この機構のポイントは、ウォームシャフトとボールナットの間に**ボールベアリング**が挿入されていることです。これがあることによって、ボールナットはスムーズに移動することができるので、比較的軽い力でもステアリングを回せます。

パワーステアリングが普及する前は、こちらの方式が主流でした。ボールベアリングだけではなく、結果的に、ギヤボックス内部の部品間や複雑なリンク機構のあそび（余裕）の部分がタイヤからの入力を緩和してステアリングに伝えるというのもメリットとなっています。半面、ラックアンドピニオン式のようなダイレクト感には欠けることになります。

ラックアンドピニオン式

ラックアンドピニオン式はステアリングを回すとピニオン(ギヤ)が回転、それによってラックが移動することで、タイロッドが動く。タイロッドエンドはハブが装着されるナックルアームの角度を変えることで転舵する。

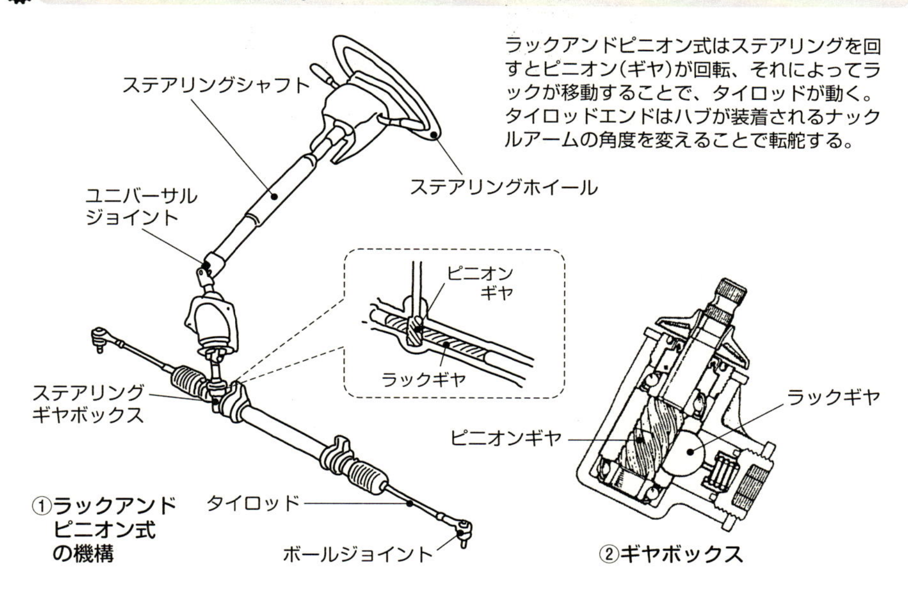

①ラックアンドピニオン式の機構　②ギヤボックス

ボールナット式

ボールナット式では、ステアリングを回すとウォームシャフトが回転してボールナットが移動、それによってセクターが回転し、ステアリングのリンク系へとつながる。ボールベアリングがあるために、スムーズなステアリングフィールではあるが、ラックランドピニオン式と比べると、ルーズな面もある。

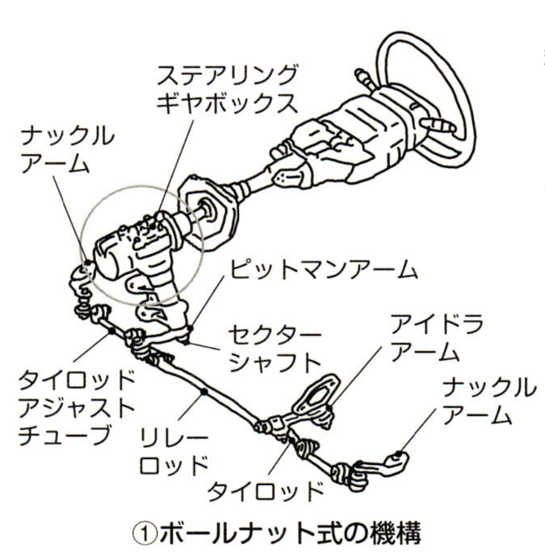

①ボールナット式の機構

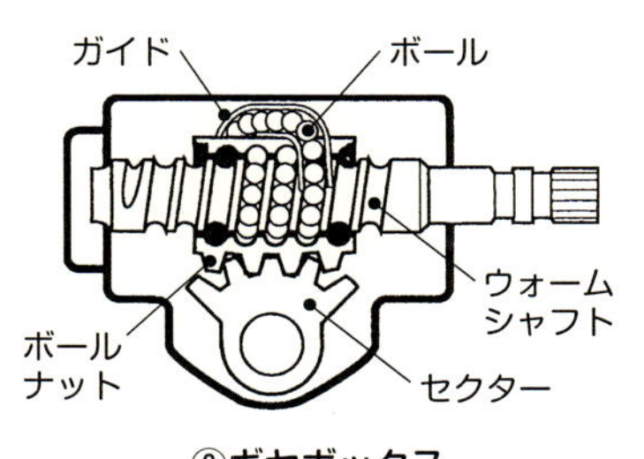

②ギヤボックス

POINT
◎現在の主流はシンプルでダイレクト感のあるラックアンドピニオン式
◎パワステが普及する前は、スムーズな操作が可能なボールナット式が主流
◎ボールナット式は、ギヤボックス内のボールベアリングが滑らかさの一因

ハブベアリングの役割

ステアリング機構によってタイヤの角度を変えるということはわかりますが、その先にはタイヤがあります。そもそもタイヤはどうして滑らかに回転し続けることができるのですか。

当たり前の話ですが、**ステアリング機構**は**ステアリングホイール**を回すことによってタイヤの角度を変えて、コーナリングするために設けられています。つまり、最終的にはタイヤとつながっているわけです。

◪ナックルに付けられるハブベアリングが回転のカナメ

タイヤは回転方向に自由に動かなければ走ることができません。この部分で重要な役割を担っているのが**ハブベアリング**です。ただ回転部分にタイヤを取り付けただけでは、当然スムーズに回転しませんし、熱を持ちますから耐久性も期待できません。ハブベアリングが**ナックル**側に取り付けられていることでタイヤはスムーズに回転することができます（上図）。この部分の剛性はサスペンションの性能にも影響します。

ハブベアリングにはボールベアリングやローラーベアリングが使用されています。これらは、ナックルにユニットとして収まるようにされるとともに、耐久性のためにグリースが封入され、より滑らかな回転ができるように、また雨水の侵入などを防げるような工夫がされています。

とくに低燃費という面が重視される現代のクルマでは、ハブベアリングの回転抵抗も重要な部分となっています。クルマ全体が重くなる傾向がある中で、耐久性を保ちつつ、抵抗も減らすという面が求められています。

◪FF車では回転力と転舵力の両方を受け持たなければならない

フロントのハブベアリングについて考えてみます。FRの場合、ナックルに取り付けられたスピンドル（軸）にハブベアリングが取り付けられます（下図①）。この場合は、タイヤはベアリングによって空回りすればいいだけなので、比較的シンプルといえます。

しかしFFの場合は大分事情が違ってきます。駆動しながら舵を切るために、ナックルに装着されたハブベアリングの中を**ドライブシャフト**が通らなければなりません。このドライブシャフトの先端にホイールが取り付けられる**ハブ**が装着されることになります（下図②）。現在FFのドライブシャフトには**等速ジョイント**というパーツが使用されています。詳しくは138頁で改めて解説します。

ナックル、ハブベアリング、ハブの関係(概略図)

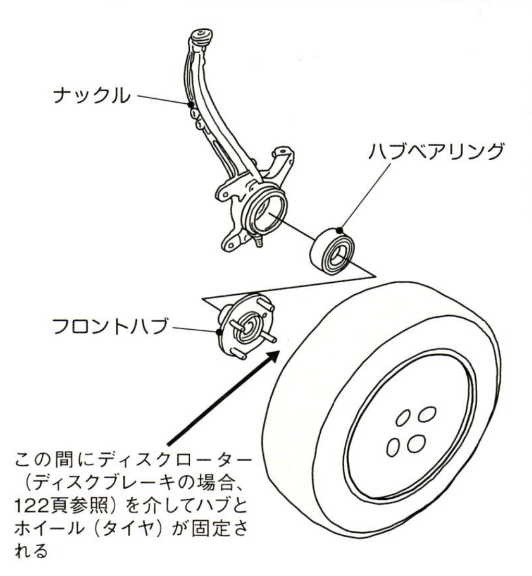

ハブはハブベアリングを介してナックルに収まり、そこにドライブシャフトが通っている(FFの場合)。ハブはナックルに固定されているが、ハブベアリングがあることでドライブシャフトの回転を受けてスムーズに回ることができる。

FRとFFのフロントハブ

FFの場合は駆動輪も兼ねているので、ハブベアリングはドライブシャフト先端部分がハブの中で抵抗なく回転するとともに、ガタツキなどが出ないように剛性も求められる。ベアリングは数十個程度のボールベアリングやローラーベアリングが用いられる。また、駆動と舵取りには等速ジョイントが大きな役割を果たす。

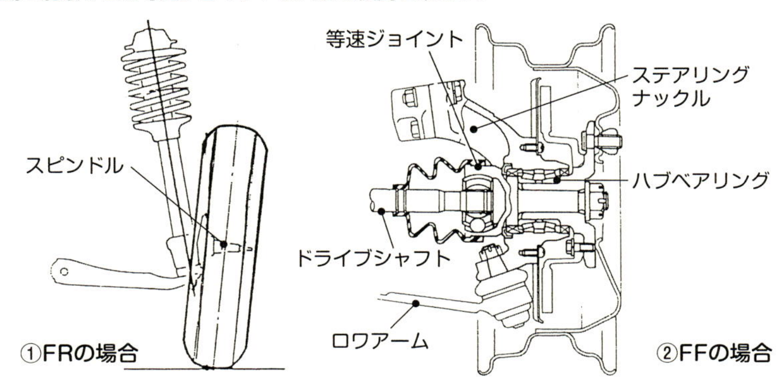

POINT
- ◎タイヤの回転をスムーズで抵抗がないようにするにはハブベアリングが重要
- ◎ハブベアリングの剛性が高くなければ、サスペンション性能を活かし切れない
- ◎FFは舵取りと駆動力を前輪のみで受け持つためベアリングの負担も大きい

タイロッドの位置

いろいろなクルマを見ていると、タイロッドの位置が前車軸の前の場合や後ろの場合があります。また、ブレーキキャリパーもローターの前だったり後ろだったりしますが、何が違うのですか。

ラックアンドピニオン式にしても、ボールナット式にしても、ステアリングを切ることでギヤボックスが**タイロッド**を動かして転舵することができます（112、114頁参照）。このタイロッドですが、前車軸の前側にあるものを**前引き**、後ろ側にあるものを**後ろ引き**といいます。

◤FRの場合はタイロッドが前引きの場合と後ろ引きの場合がある

タイロッド（ステアリングギヤボックス）がエンジンの前にあるか後ろにあるかは、ボディの重量配分や駆動方式に関係しています。FF、FRともに、後ろ引きとなることが多いのですが、これは**前車軸（フロントアクスル）**前方にエンジンが搭載されるためにスペースの問題から必然的にそうなるといえます。

ただ、FRでも前引きとする場合があります。いわゆる**フロントミッドシップ**※と呼ばれるような、スポーツ性能を狙った場合です。エンジンという重量物をどこに置くのかというのは、操縦性に大きな影響を与えます。理想的には前後配分が50：50といわれています（上図）。

それに近づけるためにエンジンを後方に置くと、スペースの関係から前引きにできるわけです。さらに、サスペンションアーム前側の剛性がタイロッドによって上がり、後ろ側はブッシュによって柔軟性が上がります。コーナリング中に横力がかかると**トーアウト**（98頁参照）の方向になり、安定性を高める効果も生まれます。

◤前引きにすると、ブレーキへの負担が減る傾向もある

前引きにした場合には、もう1つ走行性能に関するメリットがあります。前引きにした場合、今度はスペースの関係から**ブレーキキャリパー**を**ディスクローター**の後ろ側に持ってくることになります。そうするとブレーキに風があたり、冷却性能が上がります。もちろん居住空間は犠牲となりますが、走行性能を考えた場合には一石二鳥ともいえます（上図）。

FFの場合はエンジンが横置きで、前車軸の前に置かれることになりますから、タイロッドはスペースの関係から後ろ引きとなります（下図）。これはFFをベースとした4WD車でも同じです。ただし、水平対向エンジンを縦置きした4WD車であるスバル・インプレッサは、前引きも可能となっています。

※　フロントミッドシップ：重心が前車軸より後方にあるエンジンレイアウト

FRでタイロッドを前引きとした例

FR車で、フロントミッドシップとしスポーツ性能を狙ったものは前引きが可能となる。この方がコーナリング時の安定感が増すとともに、ブレーキキャリパーもディスクローターの後ろ側にできて、冷却性能にメリットが生じる。

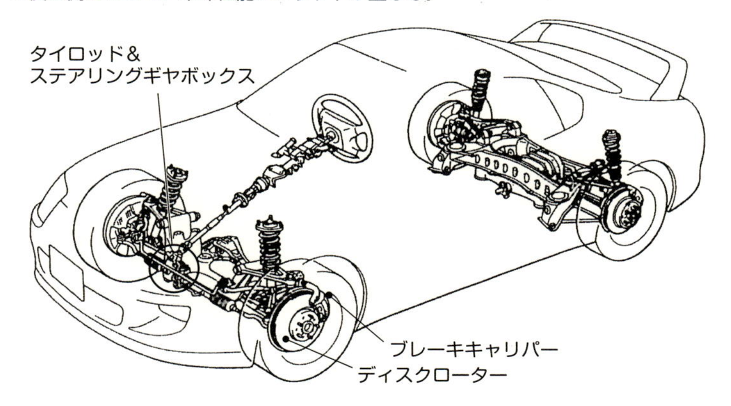

FFではタイロッド後ろ引きが多い

FFは、エンジンが前車軸の前方にくるために、基本的には後ろ引きとなる。そうすると、スペースの関係からブレーキキャリパーも前側に決まってしまう。ただ、スバルの水平対向エンジンのように、全長を短くできるものの場合は、前引きにできることもある。

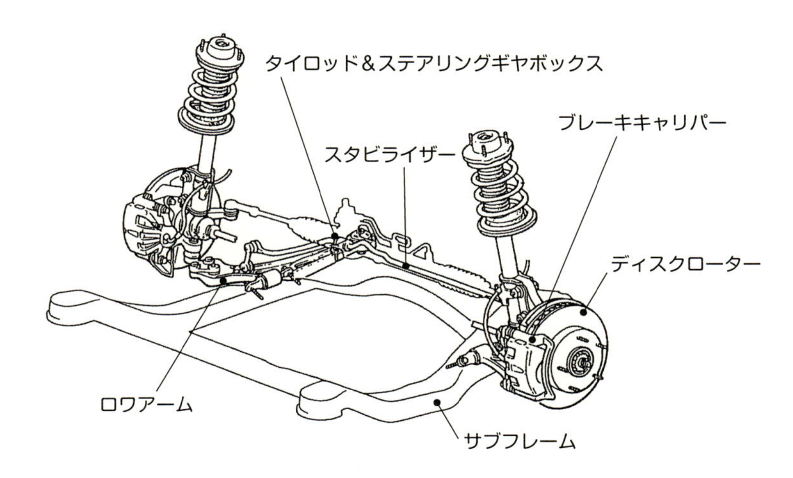

POINT

◎タイロッドは、エンジンの前側にくる場合と後ろ側にくる場合がある
◎スポーツ性能を狙ったFRは、前引きを採用する場合が多い
◎FFは、前車軸の前にエンジンがくる関係上、後ろ引きが多い

4輪操舵機構（4WS）

1980年代後半に4輪操舵（4WS）が注目された時期がありました。その後下火になり、現在は一部の高級車などに採用されているようですが、これはどのようなしくみになっているのですか。

クルマが方向を変えるときには、ステアリングを切ります（112頁参照）。こうすることで、150頁で解説するようにタイヤに**スリップアングル**がつき、**コーナリングフォース**が発生することによって、クルマは旋回を始めます。

リヤタイヤは通常は転舵しませんから、先にフロントタイヤにコーナリングフォースが発生し、その影響でリヤタイヤにもコーナリングフォースが発生するという流れになります。

◪リヤタイヤが転舵すると、スムーズに旋回できる

ただ、リヤにも舵角を与えることができれば、フロントからの影響を待つ必要がありません。単純に、狭いところでは小回りが効きますから路地での走行や駐車が楽になります。前輪並みに切れれば、ほぼ横向きに近い動きもできますから、縦列駐車も簡単になるでしょう。

そこまでではなくても、リヤに適度な舵角を与えることにより、転舵初期の応答を良くしたり、**アンダーステア**を出さないようにしたりという、サスペンションの補助的な役割が可能になります。

◪同位相と逆位相を使い分けることでサスペンションを補助

こうしたシステムを**4輪操舵**とか**4WS**（wheel steering）と呼びます。4輪操舵には、**同位相**と**逆位相**があります（上図）。同位相はフロントと同じ方向に舵角がつきますから、高速道路でのレーンチェンジのような場合に、安定した走行が可能となります。

逆位相は、リヤタイヤがフロントタイヤと逆方向に転舵します。この場合、狭い路地での走行や通常の駐車のときに小回りが効くようになります。例えばロングホイールベースで狭いところが苦手なクルマにこの機構を取り付けると、ホイールベースが短くなったような効果があるといえるでしょう。

ただし、あまり狭いところに駐車すると、リヤが外側に振り出すように動きますから、他車や障害物に接触する場合があります。位相に関してはどちらかだけというシステムと、同位相、逆位相を組み合わせたシステムとがあり、単に機械式で行なうものや、コンピューターが制御するものなどもあります（下図）。

同位相操舵と逆位相操舵

①の同位相では、高速道路のレーンチェンジなど走行安定性に寄与する面が多くなる。一方、②の逆位相では、小回りが効くようになるので、駐車時などに便利になる。ただし、高速域ではクルマが不安定になりやすい。

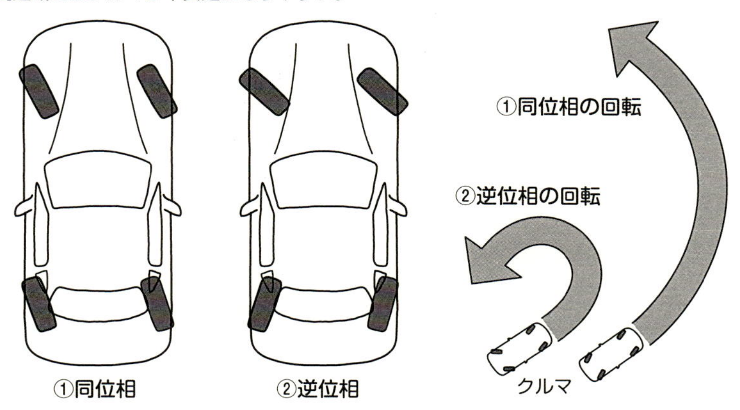

日産が採用したスーパーHICAS

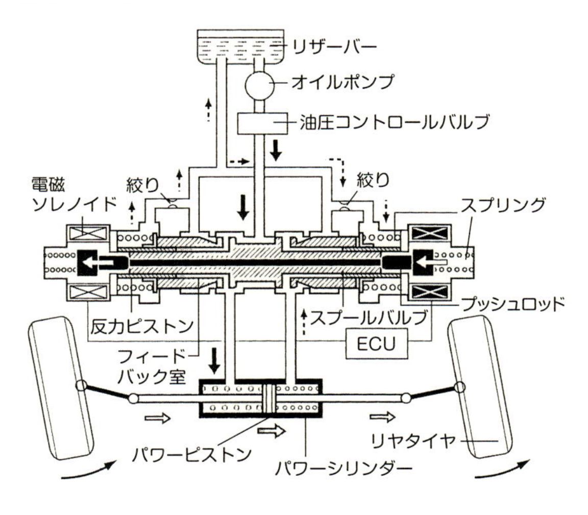

日産はリヤのサスペンションメンバーの角度を油圧で変化させるHICASを開発。その後、マルチリンクサスペンション用のHICAS Ⅱを経て、スーパーHICASまで進化させた。これは、ステアリングを切った瞬間は逆位相、その次の瞬間には同位相として安定性を高めたもの。

POINT

- ◎後輪が転舵するシステムを４輪操舵や4WSという
- ◎逆位相では小回り、同位相では高速時に有効に働く
- ◎コンピューターや油圧の制御で逆位相と同位相を使い分けるものもある

ディスクブレーキ

サスペンション回りをチェックしていると、必ずブレーキユニットが目につきます。現在はディスクブレーキが多く使われているようですが、これはどのような作動をするのですか。

サスペンションの一部ともいえる**ナックルアーム**には、回転する**ハブ**が取り付けられています（116頁参照）。加速ではエンジンの動力でハブを回転させますが、止まるためにはブレーキを使用します。

◩ディスクブレーキは放熱性に優れる

現在のクルマの多くは、回転するハブに固定された**ディスクローター**を、**ブレーキキャリパー**のピストンによって押し出される**ブレーキパッド**で挟むことで減速をしています（上図、中図）。この方式のメリットは、次項で解説する**ドラムブレーキ**に比べると、**放熱性**が良いことです。

それはディスクが外部にむき出しになっているからです。ブレーキパッドによって挟まれることで**摩擦力**を与えられると、どうしてもディスクローターは熱を持ちます。そうなると、熱がパッドを通してブレーキ系統に入り、**ブレーキフルード**が沸騰する**ベーパーロック**や、パッドとローターの間にガスが溜まり、ブレーキの効きが極端に落ちる**フェード**という現象が起きるので、放熱しやすいというのは大きなメリットです。そのため、さらに放熱性を良くした**ベンチレーテッドディスク**というものが使われることもあります（下図）。

◩サスペンションも良いブレーキなしには成り立たない

ブレーキは止まるというだけでなく、曲がるということに関しても重要なパーツです。いくら優れたサスペンションでも、ただステアリングを切るだけで曲がるというわけではありません。ブレーキングでしっかりと荷重移動し、良いタイミングでステアリングを切り、**ターンイン**※していくことが必要です。ディスクブレーキは微妙なコントロールがしやすいというメリットもあります。

サスペンションはこうした流れをすべて織り込み済みで設計されているわけですから、ブレーキもサスペンションの補助作用を行なっているといえるでしょう。もちろん、十分な制動力を得ることがクルマにとっては一番大切ですから、それを確保したうえで、ということにはなりますが、ディスクローターやブレーキキャリパーをむやみに大きくするのは考えものです。ブレーキユニットも**バネ下重量**となります（20頁参照）。要は、クルマに合わせたブレーキシステムが必要ということです。

※　ターンイン：直進している状態から旋回に移行していくこと

サスペンション回りのブレーキシステム

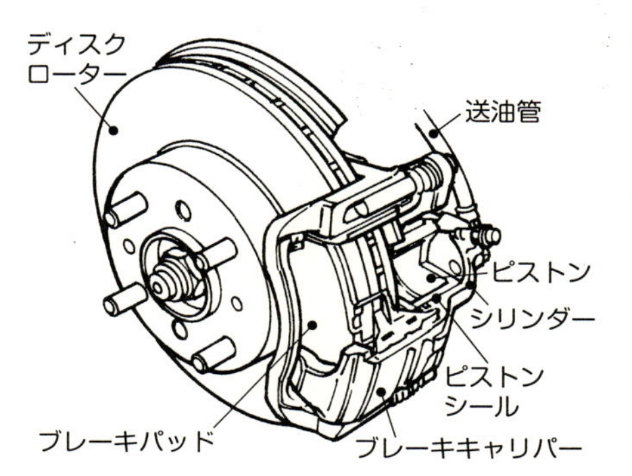

サスペンションから見えるブレーキシステムは、ハブに取り付けられたディスクローターと、これに被さるように取り付けられたブレーキキャリパー。キャリパー内にはブレーキパッドがある。

ブレーキキャリパーの透視図

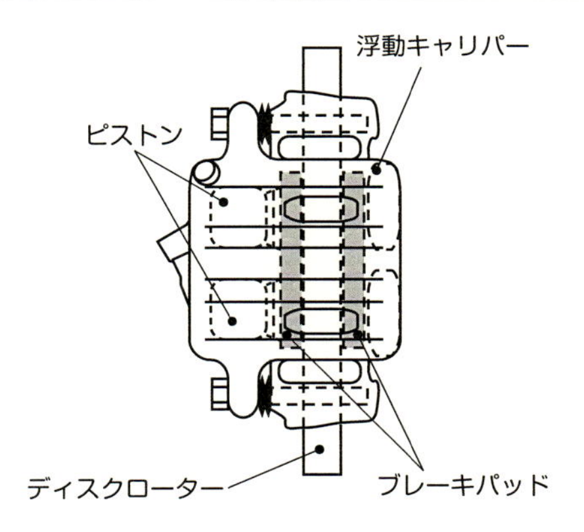

ブレーキキャリパーは、ブレーキペダルを踏むことで押し出されるピストンが内蔵されており、それが押し出され、ブレーキパッドがディスクローターに圧着することで制動力が得られる。次項のドラムブレーキに比べて、絶対的な制動力は劣るが、細かなコントロールが効く面もある。

ベンチレーテッドディスク

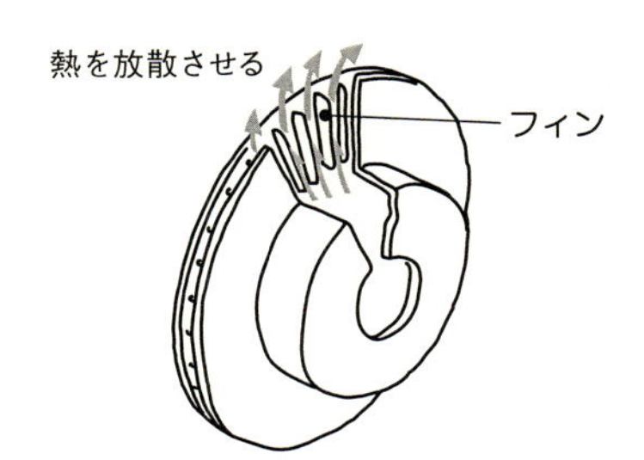

ディスクローターにフィンを設けることによって熱を放出し、より冷却性能を高めたベンチレーテッドディスクは、負担の大きいフロント側に多く使われる。

POINT
◎ブレーキは止まるだけでなく、サスペンションの補助的役割も担う
◎現在のクルマにはディスクブレーキが多く用いられている
◎ディスクローターをブレーキパッドで挟む形で放熱性が高い

ドラムブレーキ

現在のブレーキシステムの主流はディスクブレーキだということですが、ドラムブレーキという種類もあります。これにはどのような特徴があり、どんな場合に用いられるのですか。

ディスクブレーキが主流となる前は、**ドラムブレーキ**がメインのブレーキシステムでした。ドラムブレーキは**リーディング・トレーリング式**ともいわれますが、ホイールシリンダー内のピストンが押し出されることで**ブレーキシュー**の**ライニング**（ディスクブレーキの**ブレーキパッド**に相当）がドラムの内側（同じく**ディスクローター**に相当）に押しつけられて、**制動力**を発生します（上左図）。

◪ドラムブレーキはシューのライニングがドラムに押しつけられる

ブレーキシューとホイールシリンダーはサスペンション側となる**バックプレート**に固定されており、回転はしません。逆に**ブレーキドラム**は**ハブ**とつながっており、ホイールと一緒に回転します（116頁参照）。

ブレーキペダルを踏み込むことによってホイールシリンダー内に油圧が伝わると、シリンダーの左右両側からピストンが押し出されます。ブレーキシューは、シリンダーの反対側を支点としてつながっており、左右に開くように押し出されます。こうすることによって、ブレーキシューの外側にあるブレーキライニングがドラムの内周に押しつけられて、制動力を発揮するのです。

もう1つドラムブレーキの特徴的な部分として、**自己倍力効果**を持つことがあげられます。ピストンが押し出され、ブレーキライニングがブレーキドラムの内側に押しつけられると、ドラムの回転によって引っ張られる側のシューは、さらに外側に広がろうとするため、より強くブレーキが効くことになります（下図）。

◪自己倍力効果を発生するのがリーディングシュー

この引っ張られる側のシューを**リーディングシュー**、もう一方の側のシューを**トレーリングシュー**ということから、「リーディング・トレーリング式」と呼ばれているわけです。

ディスクブレーキより強い制動力が得られる半面、自己倍力効果も含めて細かいコントロールが難しい点や、ドラムの内側という密閉空間の中で摩擦が発生するために、熱がこもりやすく、**フェード**や**ベーパーロック**しやすいという傾向があります（上右図、前項参照）。こういう面から、あまり細かいコントロールは必要なく、発熱の大きくならないリヤブレーキとして、軽量車を中心に採用されています。

ドラムブレーキ内部の構造

ドラムブレーキはホイールシリンダー内のピストンがリーディングシューとトレーリングシューを押し出す構造となっている。ホイールシリンダーの反対側にはアンカーがあり、それを支点として両側に開く。そしてブレーキドラム内側にシューに取り付けられたライニングが押しつけられるというしくみになっている。

ホイールシリンダー
シューリターンスプリング
ブレーキライニング
ブレーキドラム
回転方向
アンカー
(支点)
バッキングプレート
リーディングシュー
トレーリングシュー

ライニングとドラムの摩擦

ドラムの内側でライニングの摩擦が発生するために、ディスクブレーキと違い放熱性には難がある。そのため、現在はあまり負担の大きくないリヤブレーキに採用されることが多い。

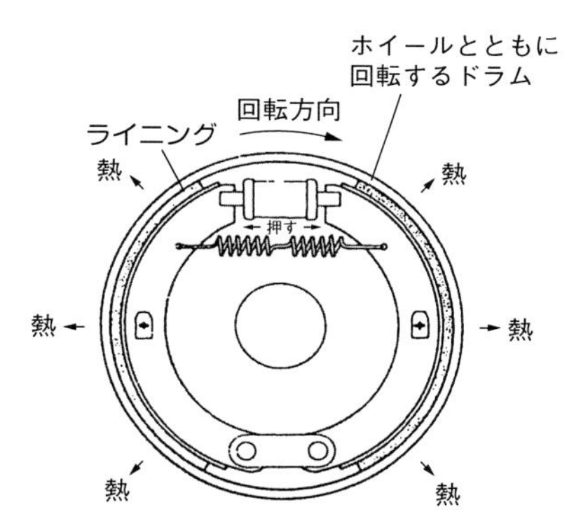

ドラムブレーキの自己倍力効果

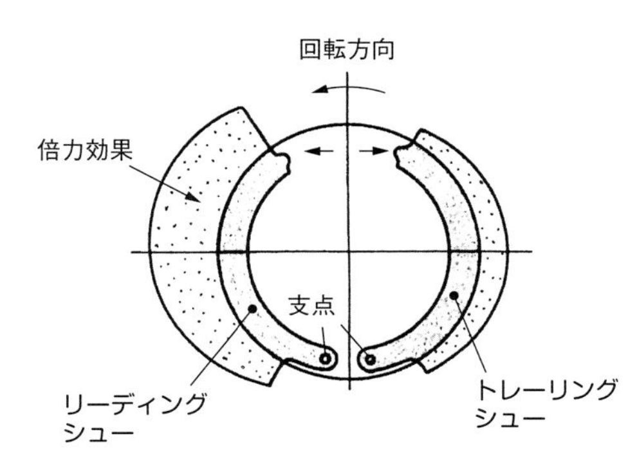

ドラムブレーキは、ディスクブレーキよりも摩擦面が広いために、絶対的な効きは優れている。さらに、回転方向前側のシューにはライニングとドラムの摩擦によって倍力効果が発生するために、制動力が強まる。これは貨物自動車などには良いが、乗用車だといわゆるカックンブレーキとなりやすい。バックの場合は反対側がリーディングシューとなる。

POINT

◎ディスクブレーキの他にドラムブレーキというシステムがある
◎基本的なしくみはディスクブレーキと一緒だが放熱性に難がある
◎自己倍力効果を持つなど、絶対的な効きはディスクブレーキより強い

マスターシリンダーとブレーキブースター

ディスクブレーキ、ドラムブレーキのしくみはわかりましたが、ブレーキペダルからブレーキキャリパーまではどうなっているのですか。オイルがその仲立ちとなっているのでしょうか。

ブレーキペダルを踏むと、まずそれにつながっている**マスターシリンダー**内のピストンが押されることになり、その中の**ブレーキフルード**が押し出されることで、**ブレーキキャリパー**のピストンが押し出されます。ちなみに押し出されるのはオイルではなく液なので、ブレーキフルードといった方がより正確です（上図左側）。

◩ブレーキを踏むとマスターシリンダーのピストンが押される

マスターシリンダーにはシングルタイプとタンデムタイプがありますが、現在主流のタンデムタイプの構造と作動について説明します。マスターシリンダーは、シリンダーボディという本体、その中のプライマリーピストンとセカンダリーピストン、リターンスプリング、それにブレーキフルードをためておく**リザーブタンク**などで構成されています。タンデムタイプとは、安全性を高めるために前後を別系統にした2つのピストンがあることから名付けられています（上図左側）。

ブレーキペダルを踏むと、**プライマリーピストン**が左方向にプッシュロッドで押され、それに伴い**セカンダリーピストン**も左に移動します。これらのピストンは、リターンポートを塞ぎつつ、下部のオイル通路に圧力を加えます。これがブレーキキャリパーのピストンを押す流れです（122頁参照）。ただ、これだけだと**制動力**が不足します。

◩足の力だけで不足する分はサーボ機構が補う

「密閉した容器内で静止している流体の一部に圧力を加えると、その圧力は同じ強さで流体のどの部分にも伝わる」というパスカルの原理を応用し、マスターシリンダーのピストン面積よりブレーキキャリパーのピストンの面積を大きくしているのですが、それでもやはり不足するのです。

そこで**ブレーキブースター（制動倍力装置、マスターバック）**が用いられます（上図右側）。ブレーキブースターはエンジンのインテークマニホールドとつながっています。こうすると、ブースター内はエンジンの吸気によって負圧となります。

ブレーキを踏み込むと、ブレーキブースター内の空気室（A室）には大気が流れ込みます。これは、負圧室（B室）を強く押すことになり、踏力が増幅されて伝わるわけです（下図）。

マスターシリンダーの構造(タンデムタイプ)

マスターシリンダーは足で踏まれたブレーキペダルの力でピストンを押し、マスターシリンダーとブレーキ配管に満たされたブレーキフルードに圧力を加えることで、ブレーキキャリパーやドラムブレーキ内のピストンを押し出す。その力でブレーキの力が伝えられる。

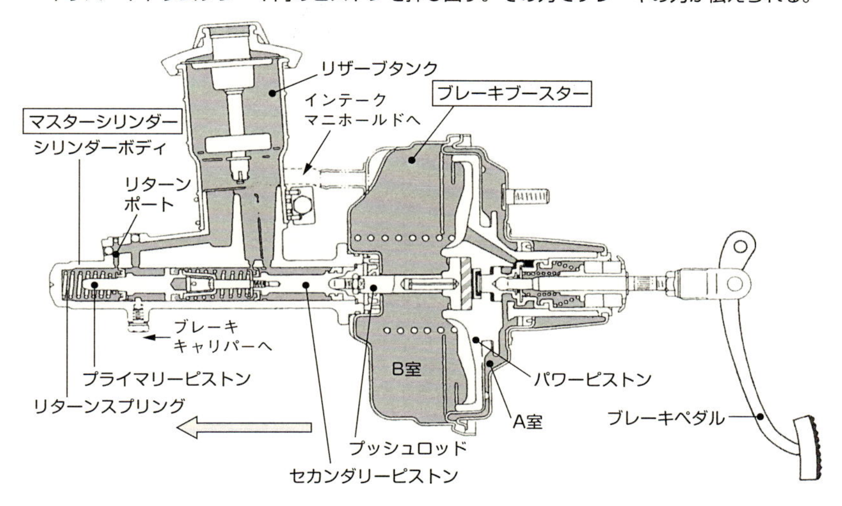

ブレーキブースターの原理

ブレーキブースター内は、エンジンのインテークマニホールドとつながっているために、エンジンがかかっている間は負圧になって真空状態となっている。ブレーキペダルを踏み込むとA室の方に大気が流れこむ。すると、真空側のB室を強く押すことになり、踏力が増強されて、マスターシリンダーに伝わる。

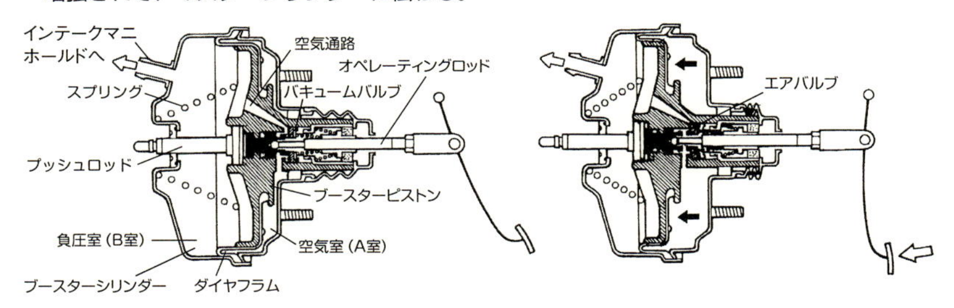

①ブレーキを踏んでいない　②ブレーキを踏んでいる

POINT

◎ブレーキペダルを踏んだ力は、ブレーキブースターを使って増強されマスターシリンダーに伝わる
◎マスターシリンダーのピストンがフルードを押し出す力がキャリパーに行く

ABS(アンチロックブレーキシステム)【その1】

現在のクルマのブレーキにはABSという装置が標準で装備されています。これは、どのような状態のときに必要になるのですか。また、どんな役割を担っているのでしょうか。

クルマは、通常ブレーキペダルを踏めば止まりますが、これはあくまでもタイヤと路面がしっかりとグリップしていることが前提となります。**摩擦係数**(μ:ミュー)という言葉を聞いたことがあるかと思います。これが高いとか低いとかいいますが、しっかり止まるのはこの摩擦係数が高い状態のときです。

◩ブレーキペダルを踏んだだけでは止まらないときがある

摩擦係数は全然滑りのない状態で1となります。乾いた舗装路では0.8程度となり、雨天で0.4から0.7、雪道では0.2から0.4程度といわれています。つまり乾いた舗装路であっても若干はスリップしているということになります。

タイヤと路面の摩擦係数は**スリップ率**によっても変わってきます。上図のように、スリップ率が20%くらいで摩擦係数は最大となります。一方、時速100km/hで急ブレーキをかけた場合、タイヤは**ロック状態**(スリップ率100%)となります。このときは、乾いた舗装路でも摩擦係数は0.6程度まで落ちます。

タイヤについては146頁で改めて解説しますが、ロックすると大幅に**制動距離**は伸びますし、ステアリングによる制御も効かなくなります(下図)。これまで解説してきたサスペンションの性能を無にしてしまうといってもいいでしょう。

◩ABSがあることにより、タイヤが過度にスリップせずに止まることができる

クルマは止まらないのも怖いですが、舵が効かない方が、障害物を避けられないという意味ではより危険ともいえます。**ABS**(**アンチロックブレーキシステム**)は、そのような状態でも、クルマのコントロールが効くようにするシステムです。

ABSは、簡単にいえばロックを感知したら自動でブレーキの解除と制動を素早く繰り返し、摩擦係数の低いところでタイヤの性能が発揮できるようにして、コントロールを維持する装置といえます。

よく、上手なドライバーが**ポンピングブレーキ**※をしているのと同じ状況……というたとえ話をされることがあります。開発された当初はそうだったのかもしれませんが、今は制御が進化し、運転の上手なドライバーがポンピングブレーキやブレーキコントロールをするよりもうまく制動してくれるといっていいでしょう。

次項では、このABSがどのような構造となっているかについて解説します。

※　ポンピングブレーキ:ブレーキペダルを踏み込み、スリップし始めたらゆるめ、また踏み込むという動作を素早く繰り返してロックを防止するブレーキの操作方法

乾いた舗装路面の摩擦係数とスリップ率

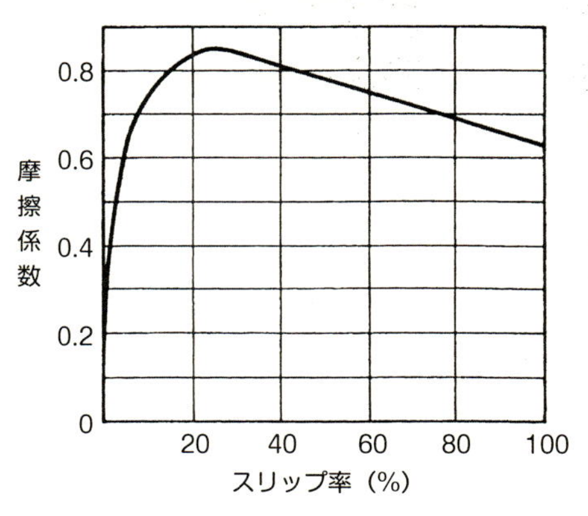

乾いた舗装路面では、最大摩擦係数は0.8程度。ちょっとスリップしているくらいの方が、路面とタイヤはよく食いついているということになる。しかし、それ以上スリップすると、摩擦係数はどんどん低くなる。スリップ率が100%というのは、タイヤがロックしている状態で、制動距離が伸び、ステアリングも効かない状態となる。

ABSの効果

ABSは、制動距離を短くできるということもあるが、フルブレーキング時にステアリングで方向転換できるというのも大きなメリット。タイヤがロックすると、舵角を与えても直進してしまうが、ABSがロックと解除を素早く繰り返すことにより、タイヤのグリップ力を回復させることができる。

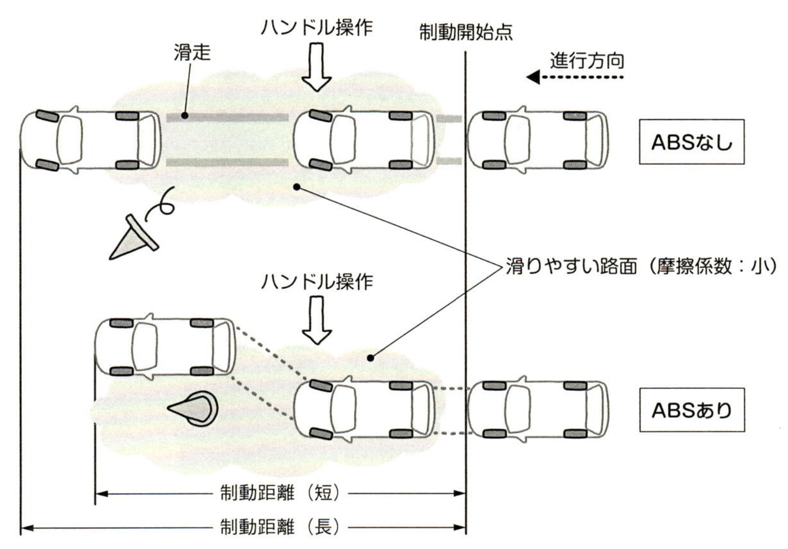

POINT
◎フルブレーキングしてタイヤがロックすると、止められず、舵も効かない
◎ABSは、ブレーキのロックと解除を自動で繰り返す機構となっている
◎ABSにより、フルブレーキングでも制動でき、方向もある程度転換できる

ABS（アンチロックブレーキシステム）【その2】

ABSが、クルマの安全性にとって大きな役割を果たしていることはわかりました。では、ABSはどのように作動しているのでしょうか。ロックを判断して、自動でブレーキをかけているだけなのですか。

ABS（アンチロックブレーキシステム）にもいくつかの方式がありますが、ここでは基本的なシステムを解説します。制御の基本は、実際にクルマが進んでいる速度と、タイヤの回転速度の差の判断をすることになります。最初にタイヤが**ロック**しているかどうかを検出する必要があるのです。

◪車輪速センサーがコントロールユニットへ信号を送る

これは、タイヤに取り付けられている**車輪速センサー**が回転速度を検出して、**コントロールユニット**へ信号を送ることで行います（上図、下図）。タイヤとともに回転するローターに、永久磁石と電極を備えた電圧発生器を取り付けて、回転によって電気信号を発生させて回転数を検出します。

そして、コントロールユニットは各タイヤの電気信号を比較することによって、ロックしているかどうかを監視しています。コントロールユニットはいわゆる**コンピューター**（CPU）で、車輪速センサーやブレーキペダルとつながるブレーキスイッチのオンオフなど、さまざまな信号を処理してABSの作動をコントロールするわけです。

◪ロックが検出されると信号によりアクチュエーターが作動する

タイヤがロックしていると判断された場合、**アクチュエーター**（モジュレーター）に信号を送ってバルブを開き、**ブレーキキャリパー**の液圧を下げることでロックを解除します。

ただ、これだけでは**制動力**が弱くなるだけで止まることができません。そこで速度が回復したのを感知すると、アクチュエーターが再びブレーキキャリパーの液圧を高めて制動力を強くします。この繰り返しがABSの作動となります。

液圧を素早く増減するために、ソレノイドバルブ（電磁バルブ）やコントロールピストンがアクチュエーターに組み込まれており、制御が行なわれます。

このように、クルマのコントロールを可能にするという観点から見れば、ABSもサスペンションシステムの中でなくてはならない装備といえるでしょう。いくら優れたサスペンションを装着していても、タイヤがロックしてしまったらまったく意味がなくなってしまいます。

ABSシステムの簡略図

ブレーキを踏み込んでロックすると、車輪速センサーからの電気信号がABSコントロールユニットへ送られる。ここからアクチュエーターに指示が出され、油圧をコントロールしてABSが作動する。

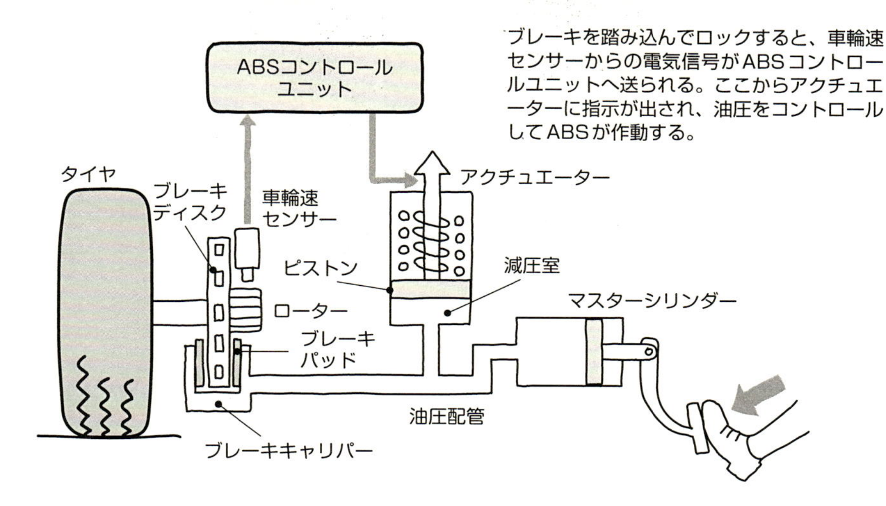

ABSの構成図

①4輪に設けられた車輪速センサーによって、タイヤの回転速度を検出→②ABSコントロールユニットで車速やタイヤの回転状況を感知し、最適な制動力になるようにアクチュエーターに指示→③ソレノイドバルブで油圧の増減を行ない、制動力をコントロール。

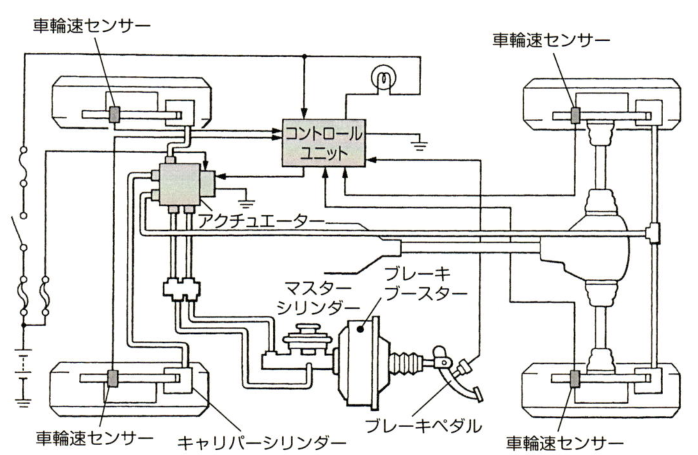

POINT
◎4輪に車輪速センサーが装着され、それをコンピューターが監視している
◎ロックを感知するとコンピューターからアクチュエーターに指示が出される
◎アクチュエーターがブレーキの液圧を増減することでABSが作動する

デフ(デファレンシャルギヤ)とは？

クルマをリフトアップして駆動輪を回すと左右で反対方向に回ります。通常なら同じ方向に回ると思うのですが、どうしてそんなことになるのですか。左右が直結だといけないのでしょうか。

単純に考えると駆動輪は左右が1本の軸でつながっていてもよさそうなものです。電動モーターを搭載したプラモデルなどはギヤにシャフトを付けたもので走りますし、それでも問題ありません。

◩クルマの駆動輪は1本のシャフトでつながっているわけでなはい

クルマのサスペンションは、**リジッドアクスル式**の場合は1本の軸のようにも見えますが（42頁参照）、中間点に**デフ（デファレンシャルギヤ）**が装着されており、右と左で分かれています。それはクルマは曲がらなければいけないからです。

曲がるということは、外側のタイヤと内側のタイヤの走行する距離が違うということです（上図）。外側の距離の方が長く、内側の距離の方が短くなります。FRのクルマを想定すると、前輪は空回りしているだけなので左右の距離差の問題はありませんが、リヤは駆動力がかかっているので単純ではありません。

もし駆動輪が1本のシャフトでつながっていたとしたら、距離差の吸収はタイヤのスリップによって行なわれることになります。**低ミュー路**（滑りやすい道、128頁参照）ならそれでもなんとかなるのかもしれませんが、舗装路ではスムーズに曲がることができないばかりか、タイヤもすぐにすり減ってしまい、クルマは実用的なものになりません。

◩デフが左右のタイヤに速度差をつけることでスムーズに曲がれる

デフは日本語では**差動装置**といいますが、左右の駆動輪に駆動力を与えながら、「差動」させることができるシステムです。ここでいう差動とは、左右に回転差が生じたとき、他方に力を伝えるという意味ですが、すでに1800年代末のベンツなどで見ることができます。

クルマをリフトアップしてみると、確かに駆動輪の一方を回すともう一方は逆方向に回りますが、これがポイントです。カーブでエンジンからの駆動力が伝わっているときには、前進方向に回るタイヤはより速いスピードで回ることになり、逆方向に回るタイヤは、駆動力によって前進方向に遅いスピードで回ることになります。

FF、FRそれぞれのデフの例を中図、下図に示しておきます。詳しいデフの動きについては次項で解説します。

カーブでは内輪と外輪に距離差がある

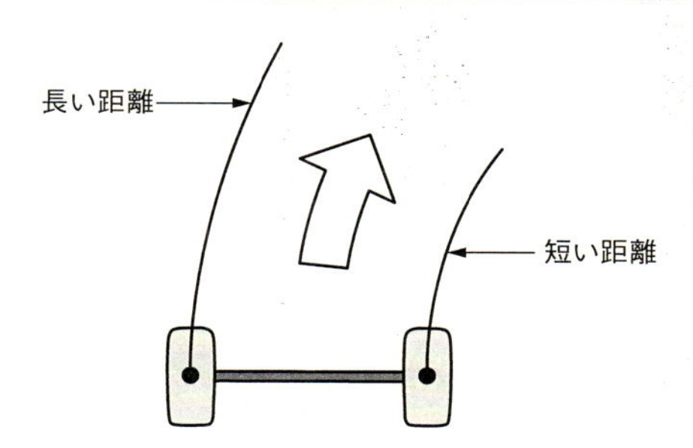

クルマがカーブを曲がるときには、内輪と外輪の走る距離が違う。もし駆動輪が1本の軸でつながっていたとすると、その距離を吸収するために、タイヤはいつもスリップしている状態となる。

FRのデフ

FRの場合、デフはプロペラシャフトからつながる後端のデフケースに内蔵されている。デフの両端にドライブシャフトがはめ込まれ、左右の駆動輪が回転する。

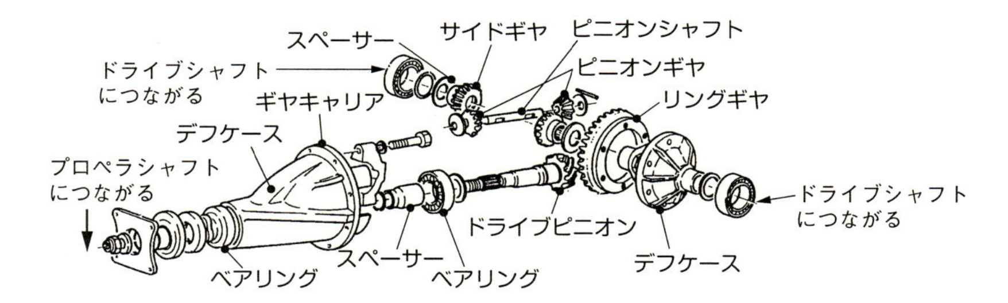

FFのデフ

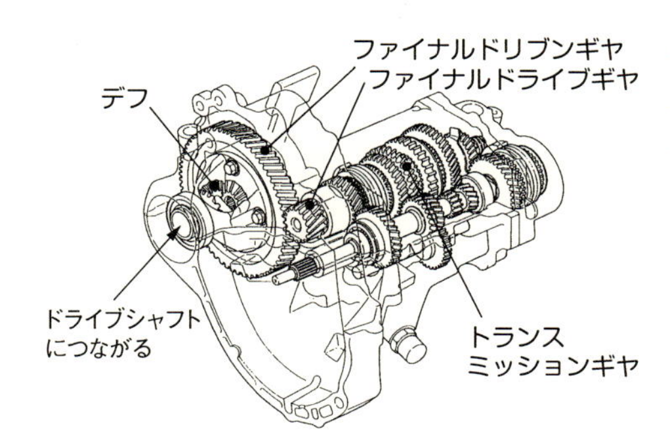

FFの場合、デフはミッションケースの中に内蔵されていることが多い。FRに比べると非常にコンパクトになっている。ファイナルドリブンギヤとデフは一体となり、ドライブシャフトを介して駆動力を伝える。

POINT
◎駆動輪が1本の軸になっていると、カーブでスムーズに曲がれない
◎デフは駆動輪につながることで、左右の回転差を吸収する
◎FRではリヤデフケースの中、FFではトランスミッションと一体になっている

旋回時のデフの動き

クルマがカーブを曲がるとき、デフが重要な役割を果たしていることはわかりました。では、具体的にどんな構造になっていて、どのような動きをするのでしょうか。電子装置などは必要なのですか。

前項でカーブを曲がるためには**デフ**が必要だということを解説しました。ここでは、実際にどのような構造になっているのかを見ていきます。

◩デフは比較的単純なギヤの組み合わせで成り立っている

デフケースの中には**ドライブシャフト**とつながる**サイドギヤ**と、その間に入って、サイドギヤからの入力を受ける**ピニオンギヤ**があります（上図）。

ピニオンギヤは、デフケースに固定された**ピニオンシャフト**に取り付けられていますが、自由に自転できるようになっています。デフケースの周囲にはエンジンからの駆動力を受ける**リングギヤ**（ファイナルドリブンギヤ）が付いています。

リングギヤが回されると、デフはケースごと回転することになります。直進時には、左右のタイヤの回転差がありません。そうすると、ピニオンギヤ自体は自転せずにデフの回転と一緒にピニオンシャフトだけが回転します。これによってサイドギヤが同じスピードで回転することになるので、左右のタイヤに回転差は生まれません（下図①）。

◩ピニオンギヤが逆回転することによって左右輪の速度差となる

コーナーに差しかかると、左右のタイヤの走行距離の違いから、ピニオンギヤが回転を始めます。外側のタイヤの方が走行距離が長いですから、回転スピードが速くなります。

具体的には、サイドギヤを介して外側の回転が内側のピニオンギヤに逆回転として伝わります。ただし、実際には逆回転はしません。クルマは前進してデフケースが前進方向に回転していますから、内側のタイヤは逆方向に回るのではなく回転数が減るということになるのです（下図②）。

このように、基本的には電子デバイスなどを一切使わずに高度な制御を行なってしまうのがデフで、その基本的な構造は、100年以上前から変わらずに使用されています。

ただし、難点もあります。駆動輪が接地しているときにはいいのですが、1輪でもスリップしてしまうと、まったく駆動力が伝わらなくなってしまうのです。それを解消するのが、次項で解説する**LSD（リミテッドスリップデフ）**です。

デフの構造の概略

図はFRのリヤデフのイメージになるが、基本的な構造はFFでも同じ。リングギヤ（ファイナルドリブンギヤ）、ピニオンギヤ、ピニオンシャフト、タイヤからつながるサイドギヤが一体になっているのがデフの基本的な構造。リングギヤがデフ本体にボルト止めされており、全体を回転させられるようになっている。

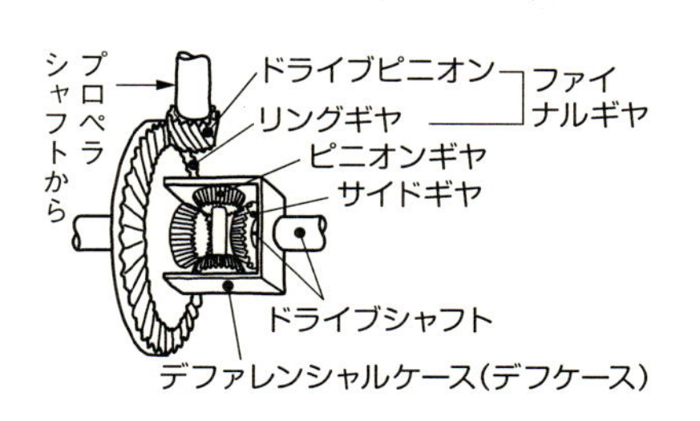

①立体的な模式図

プロペラシャフト
リングギヤ
ドライブピニオン
デファレンシャルケース
サイドギヤ
（左輪）
（右輪）
ドライブシャフト
リングギヤ
ピニオンギヤ（デフピニオン）
ピニオンシャフト

②平面的な模式図

デフの差動の様子

ドライブシャフトはデフの中で切り離されていて、それぞれがサイドギヤとつながっている。デフケースはファイナルギヤ（ドライブピニオン、リングギヤ）に固定されており、サイドギヤとピニオンギヤはかみ合い、ピニオンギヤはデフケースに取り付けられている。そのため、ファイナルギヤが回転するとピニオンギヤは公転する。また、どちらかのサイドギヤ（車輪）に抵抗が生じた場合は、ピニオンギヤはサイドギヤとかみ合って回りながら（自転）公転する。

①直進時

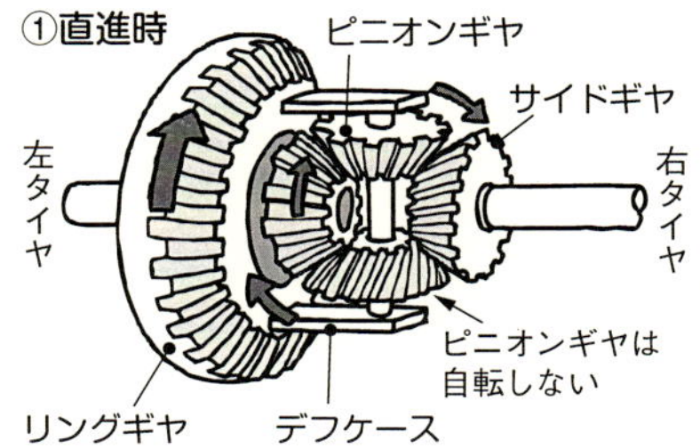

直進時は、ファイナルギヤとともにピニオンシャフトが回転し、ピニオンギヤは自転しないため、サイドギヤに回転差は生じない

②旋回時

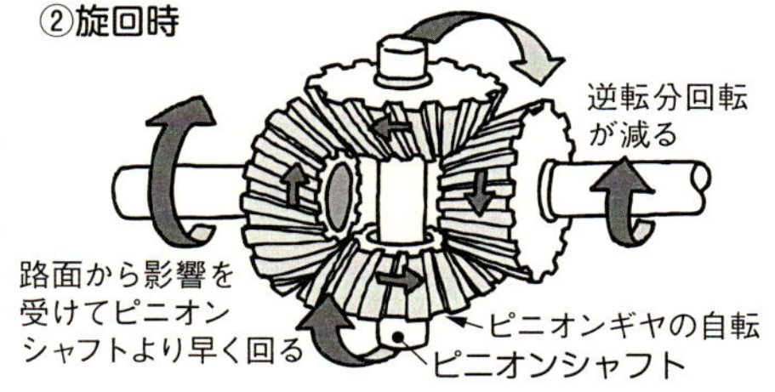

旋回時は、外側のタイヤが速く回ると、内側はピニオンギヤの自転で逆回転しようとするが、ピニオンシャフトはリングギヤとともに回転しているため、実際は回転が減ることになり回転差が生じる

POINT

◎直進状態のときはピニオンギヤが自転せず、サイドギヤを同じスピードで回す
◎コーナーで速度差が生まれるとサイドギヤが回転してデフが差動する
◎進行方向と逆に回転する内側タイヤは、遅い回転として外部に出力される

LSD（リミテッドスリップデフ）

デフは1輪が空転してしまうと、駆動力がかからないということですが、その場合はどうしたらいいのでしょうか。この状況に対応するためのシステムがあるのですか。

前項で、デフは1輪でもスリップしてしまうと、駆動力がかからなくなると述べました。それを解消するのが**LSD（リミテッドスリップデフ）**です。ノンスリとか**ノンスリップデフ**という言い方をする場合もあるようですが、これらは完全にデフをロックさせてしまう装置ですので、厳密には違うものです。

LSDには、大きく分けて**湿式多板式（クラッチプレート式）**と**ビスカスカップリング式**があります。前者は、デフ内部に摩擦によって圧着する**クラッチプレート**を使用しています。駆動力がかかったときにこれが作動することによって、左右の車軸を直結に近い状態にすることができます。

◩湿式多板式は摩擦によって差動制限をする

駆動力はファイナルギヤからデフに伝わります（前項参照）。このタイプのLSDにはピニオンシャフトによって押し広げられる**プレッシャーリング**というパーツが備えられています。駆動をかけるとピニオンシャフトがプレッシャーリングを押し広げ、その力がクラッチプレート（**フリクションプレート**と**フリクションディスク**）に伝わるという流れになります。ただ、1輪が空転していると、結局駆動力が逃げてしまうのは同じで、効率的ではありません。そのため、**コンプレッションスプリング**をデフケース内部に設けてある程度左右輪を拘束させておきます（上図）。

このタイプのLSDはサスペンションと同様に大きく走行性能に影響します。スポーツ走行にも欠かせないもので、サスペンションとLSDの効かせ方はセットといってもいいでしょう。純正やオプションで用意されることもあります。

◩ビスカスカップリング式（ビスカスLSD）はマイルドで一般ユースに適している

後者のビスカスカップリング式LSDは、**シリコンオイル**の**粘性**を利用したものです。左右のタイヤに回転速度差が発生したときに**差動制限**するため、**回転差感応式LSD**と呼ばれています。湿式多板式が摩擦でしっかり効くのに比べると、粘性を利用しているため効き方自体はマイルドな方向になります（下図）。

ただ、一般的に降雪地帯などで使用する分には十分な能力を発揮しますし、4WD車のセンターデフに用いると、前輪と後輪の回転差を上手に吸収しますから、**フルタイム4WD**には欠かせないパーツです（140頁参照）。

湿式多板式LSDの構造

デフの中はギヤオイルで浸されており、その中にフリクションディスク、プレッシャーリングなどLSDに必要な一連のパーツが装備される。通常はノーマルデフに近い働きをするが、駆動力や制動力がかかった間だけ、強い差動制限が行なわれる機構となっている。

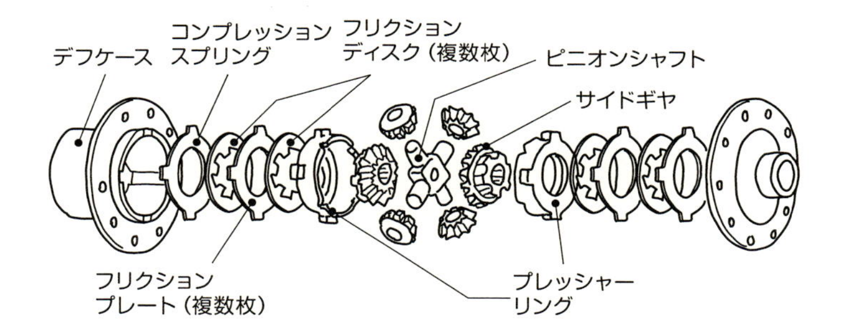

ビスカスカップリング式LSDの構造

ビスカス式はシリコンオイルの粘性で差動制限が行なわれる。湿式多板式がトルク感応式なのに対して、こちらは回転差感応式といわれる。駆動力に関係なく回転差さえあればLSD効果があるということはメリットだが、効き方はマイルドなものとなる。

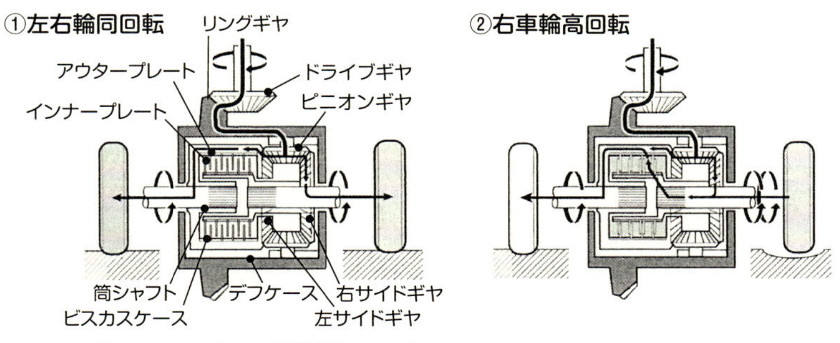

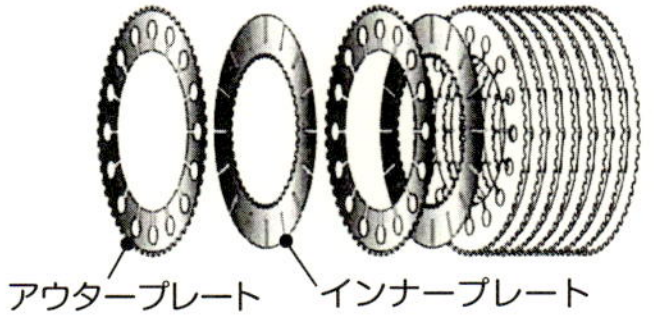

〈ビスカスカップリング〉
アウタープレートとインナープレートの回転差が生じると、すき間にあるシリコンオイルがかき回されて膨張し、インナープレートを押し密着する(図②)。トルク伝達は、常に回転の多い側から少ない側になる

POINT
◎ノーマルデフの弱点を補うものとしてLSDがある
◎湿式多板式は、クラッチプレートの摩擦によって差動制限される
◎ビスカスカップリング式は、シリコンオイルの粘性抵抗で差動制限される

シャフトとジョイント

左右のタイヤの回転差はデフによって吸収していることはわかりましたが、その回転を伝えるシャフトにはどんな工夫がされているのですか。とくにFFの場合、無理な力がかかると思うのですが……。

クルマは駆動力を伝えるために、プロペラシャフトやドライブシャフトを使っています。FRや4WDの場合、**プロペラシャフト**はトランスミッションからリヤのデフまでエンジンの**駆動力**を伝達します。そこから左右のタイヤへの伝達は**ドライブシャフト**が受け持ちます。

◪FFの操縦性の鍵も握るドライブシャフト

FF車の場合は、プロペラシャフトを用いず、トランスミッションとフロントデフは直接ギヤでつながり、そこからドライブシャフトがフロントタイヤに駆動力を伝えます。これはフロントエンジンの4WDも同じです（上図）。

サスペンションとの関連ということを考えた場合、プロペラシャフトはあまり関係ありません。もちろん軽量であることは重要で、レーシングカーなどではカーボン製のものが用いられたりしますが、一般的ではありません。

一方のドライブシャフトの方は大いに関連しています。それ自体が**バネ下重量**となるので、十分な強度を保ちつつ軽いということが求められますが、それ以上に求められるのが、FFではドライブシャフトの**ジョイント**がスムーズに可動しなければ、上手にコーナリングできないということです。

言い換えれば、このジョイントが大きく改善されたことが、現在のようにFFが主流になった要因だといってもいいでしょう。

◪等速ジョイントの開発がFFの普及につながった

かつてジョイントには、**フックジョイント**などの自在継ぎ手（**ユニバーサルジョイント**）が使用されていましたが（下図①）、大きく舵角を与えると複雑な動きになり、スムーズに駆動力を伝えることが難しい面がありました。入力と出力が等速でなくなるのです。そのため、大きな舵角がついても正しく回転を伝えられる**等速ジョイント**が開発されました（上図枠内）。

この機構は角度が変わっても、内部のボールの移動によって、入力軸と出力軸が交わる接合点が中心部になることで、ジョイントを挟んだ両軸の回転が常に等しくなるように工夫されたものです（下図②）。このエポックメイキングとなったクルマが英国・BMC（ブリティィッシュ・モーター・コーポレーション）の「ミニ」です。

FF車ではドライブシャフトに等速ジョイントが必要

FRのドライブシャフトは、舵角がつかないので大きな問題にならないが、FFの場合は舵角を与えても、シャフトの継ぎ目が常に同じスピードで回ることが重要になる。フックジョイントでは不等速になってしまうが、等速ジョイントが開発されたためにFFが急速に普及した。

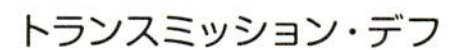

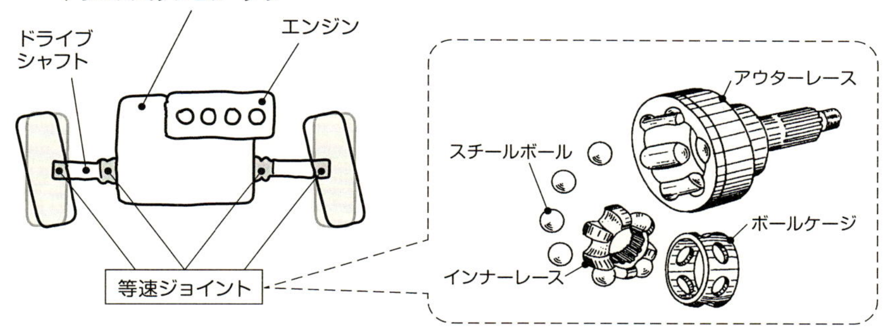

フックジョイントと等速ジョイントの違い

①のフックジョイントでは、角度がついたときにジョイント部の角度は変わらず、垂直に回り続けてしまう。このためにスムーズな回転となることはなく、「不等速」になってしまう。これに対して、②の等速ジョイントは、金属製のボールによってジョイント部の角度が変わり、入力軸の中心と出力軸の中心が同じとなるために、「等速」で回転することが可能となる。

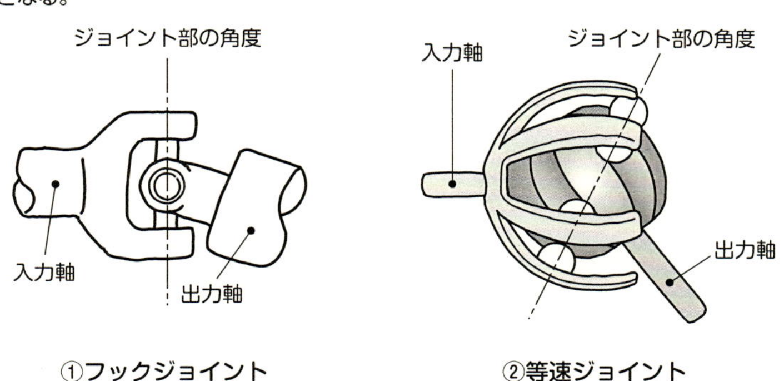

①フックジョイント　②等速ジョイント

POINT

◎クルマにはプロペラシャフトとドライブシャフトが必要
◎FF車にはプロペラシャフトはないが、ドライブシャフトの重要性が増す
◎等速ジョイントが開発されたことで、FF車の割合が急速に高まった

4WD（4輪駆動）機構

いわゆるオフロード車だけでなく、乗用車でも4WD（4輪駆動）が当たり前になっていますが、これはどのようなしくみなのですか。サスペンションへの影響はあるのでしょうか。

4WDが乗用車やスポーツカーにまで採用されるようになっています。文字どおり4輪で路面をとらえますから、2WDではホイールスピンしてしまうところを、駆動力をムダにすることなく走り、滑りやすい路面では大きな力を発揮します。そういう意味でサスペンションと同様に走りに影響を与える部分です。

◩大きく分けてフルタイム式とパートタイム式がある

4WDのシステムを大きく分類すると、**パートタイム式**と**フルタイム式**があります。

パートタイム式は通常は2WD（FF）で走行し、滑りやすい路面のときだけ**トランスファー**によって4WDに切り替えるシステムです（上図①）。なぜこのようなことをするかというと、4WDにしたときには、前と後ろを**プロペラシャフト**でつなげるわけですが、舗装路面ではコーナリング中に前輪と後輪の軌跡の違いから回転差が生まれます。滑りやすい路面ではスリップでそれを吸収してしまいますが、舗装路ではそれができないため、急ブレーキがかかったようになったり（**タイトコーナーブレーキング現象**）、エンストしてしまうことがあるのです。

これを解消するためには、これまで解説した**デフ**がもう1つ必要となります。それを装着したのがフルタイム4WDと呼ばれる方式です。前後のデフに加えて**センターデフ**を設けることにより、コーナリングがスムーズに行なえます（上図②）。

◩フルタイム4WDにはビスカスLSDがあると便利

ただし、ここでもデフの欠点である1輪がスリップすると駆動力が伝わらないという点は同じです。これではせっかくの4WDの意味がなくなってしまいます。そこで普段はセンターデフをフリーに、滑りやすい路面では差動させなくする**デフロック機構**が設けられました。

しかし、これもいちいち切り替えをするという点ではパートタイム式と同じになってしまいます。そこで登場するのが**LSD**で、センターデフには主にビスカス式が用いられます（下図、136頁参照）。そうすると、前後のタイヤに回転差が生じたときにLSDが差動制限をするので、スリップしやすい路面では駆動力が伝わりますし、舗装路でも抵抗が少なくコーナリングすることができるのです。これができたことで、4WDを本当の意味で活かすサスペンションセッティングも可能となりました。

パートタイム式とフルタイム式

パートタイム式(①)は、トランスファーで2WDか4WDの切り替えをする。フルタイム式(②)は常に4WDだが、センターデフがあるために、滑りやすい路面の場合はデフをロックする必要がある。

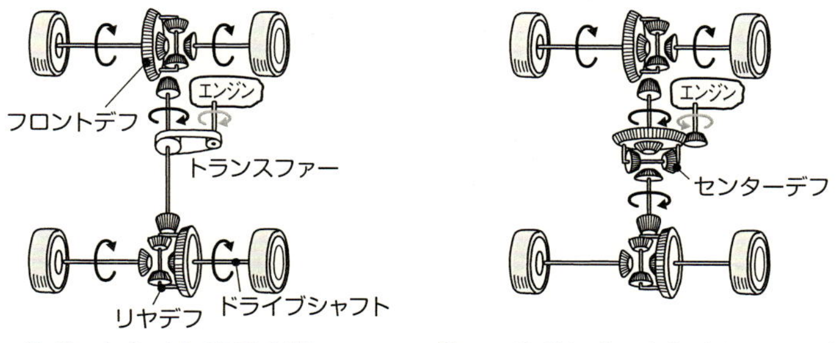

①パートタイム4WDの例　②ベベルギヤ式フルタイム4WDの例

ビスカスLSDを採用したフルタイム4WDの考え方

フルタイム4WDでは、センターデフにビスカスLSDを用いるのが一般的。回転差に応じて差動制限するが、多板式LSDほど拘束力が強くないために、滑りやすい路面から舗装路面までオールマイティに走ることができるのがメリット。

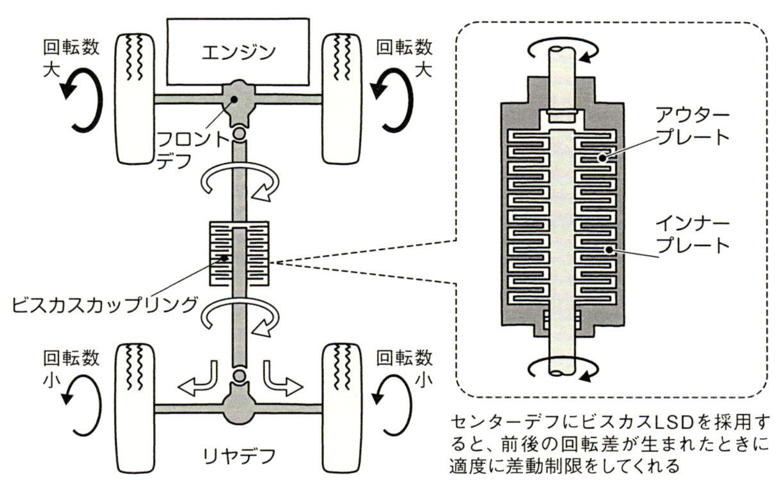

センターデフにビスカスLSDを採用すると、前後の回転差が生まれたときに適度に差動制限をしてくれる

POINT
◎駆動力を効果的に路面に伝えることができるため4WD車が増えている
◎4WDにはパートタイム式とフルタイム式がある
◎フルタイム式は、ビスカスLSDをセンターデフに採用すると都合がいい

駆動力配分デフ

駆動系についてはなんとなくわかりましたが、デフなどは最新の技術でもっと効率的にできないのですか。「曲がるために必要」とはいっても、スリップすると進まないなど非効率な感じがしますが……。

確かにノーマルのデフは便利な面と不都合な面があります。かといってLSDを入れるほどでもないというシチュエーションでどうするか？　という問題がありました。そういう問題を解決するための試みは、これまでにもなされています。

◩90年代にホンダがATTSで先鞭をつける

1996年にホンダがプレリュードに**ATTS**（**アクティブ・トルク・トランスファー・システム：左右駆動配分システム**）という機能を搭載しました。これは、コーナリングの立ち上がりなどでアクセルを踏んで加速するときに、外側のタイヤに多くトルク（駆動力）を配分して、積極的にデフで曲がりやすくするシステムです。

システム内部には旋回用のギヤの組み合わせがあり、旋回用のクラッチでギヤの結合度合いを調整し、左右の駆動力を最大80対20まで振り分けられます（上図）。制御はコンピューターで行なっています。これを原型として、現在のスポーツカーNSXでもフロントの駆動力配分を行なっています。

また、4WD車として一世を風靡したといえる、三菱ランサーエボリューションではエボリューションⅣで**AYC**（**アクティブ・ヨー・コントロール**）という機能を搭載しました（下図）。

◩ランエボのAYCはコンピューターで緻密に制御

ヨーというのは、クルマがコーナーで自転する方向の動きですが、これをコントロールできれば**アンダーステア**が少なく、曲がりやすくなります（16頁参照）。とくに4WDは曲がりにくくなりますから効果的です。さらにAYCは減速時にも姿勢を安定させる作用を持っています。

AYC内には、増速ギヤ、減速ギヤ、多板クラッチがあります。クラッチを切り替えることによって増速ギヤや減速ギヤが左右にトルクの移し替えをします。多板クラッチの圧着の程度はコンピューターによる油圧で制御されます。

コンピューター制御はそれだけでなく、ハンドル角、ヨーレイト、駆動トルク、ブレーキ圧、車輪速度などの情報を解析して、ドライバーの意思に沿った挙動となるように、左右輪間の駆動力、制動力を制御します。ランエボが、一部でコンピューターで走るクルマなどといわれたのもこのへんに原因があるのでしょう。

ホンダのATTSの構成図

1996年にホンダがプレリュードの一部グレードに搭載したATTS。FFはアンダーステアが強く曲がりづらいというイメージがあるが、それを解消するために、外側の駆動輪にトルクを多く与えて曲がりやすくするもの。システムは違うが、この考えは2016年のNSXのフロント駆動輪まで引き継がれている。

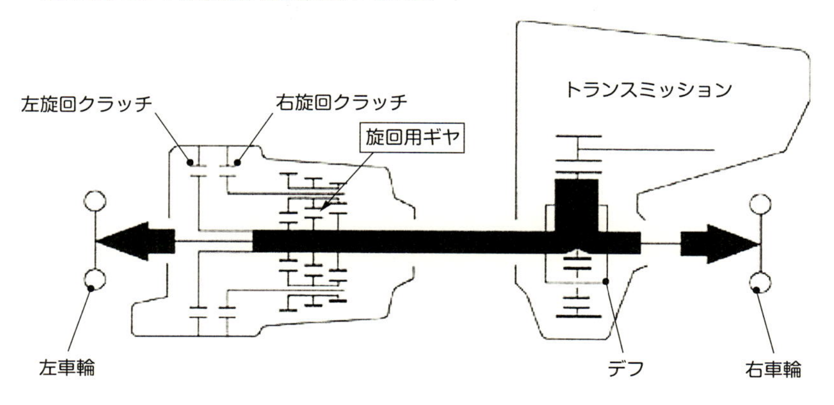

ランサーエボリューションⅣに採用されたAYC

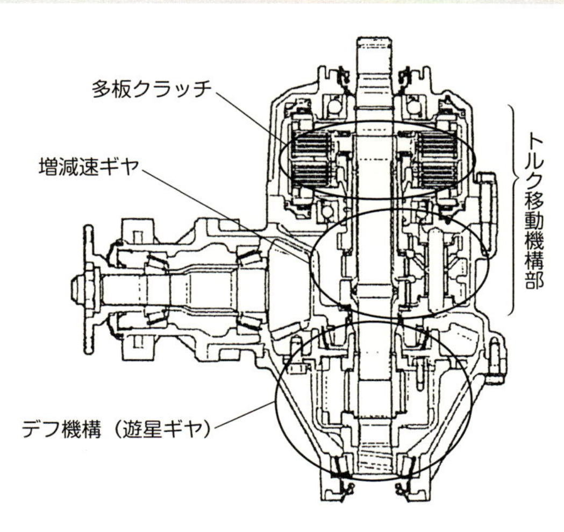

ランサーエボリューションⅣにはAYCというトルクスプリット機構を持ったデフが採用された。機構の解説は難しいが、アクセルオンで曲がりやすく、オフで姿勢を安定させやすくしたものといえる。ランエボの曲がりやすい4WDを支えたパーツの筆頭。

◎ただ曲がるためだけでなく、積極的に曲がるためのデフもある
◎ホンダのATTSは80対20までトルクをスプリットしてFFのアンダーを消す
◎三菱のAYCはランエボに装着され、4WDの操縦性を大幅に上げた

タイヤとサスペンション

サスペンションは、タイヤからの入力を受け止めるシステムだと思うのですが、タイヤとサスペンションはどのような関係なのですか。クルマのタイプなどによって変わってくるのでしょうか。

クルマは加減速時やコーナリング時に荷重移動をします。その荷重はタイヤを通して**サスペンション**に伝わります。**タイヤ**は弾性をもってそれを受け止めますが、弾性があるということは、タイヤを**スプリング**の一部として考えることもできるわけです。この関係は、軽自動車でもF1カーでも同じです。

◩サスペンションの一部分としてのタイヤ

次項で詳しく解説しますが、タイヤの**サイドウォール**の硬さや**偏平率**で乗り心地は大きく違ってきます。レーシングカーのように「硬いサスペンションのクルマだな」と思っていたのが、タイヤを変えたら見違えるような乗り心地になったという話もあり、とくに見た目重視の低偏平率のタイヤは意味がないどころかデメリットも大きくなるので注意が必要です。ここは**バウンシング**に影響しています（上図）。

タイヤとサスペンションの動きに注目してみると、加速時に**テールスクォート**すれば、リヤタイヤに荷重が乗ります（下図①）。特殊なジオメトリーのサスペンションでなければ、タイヤからの入力でバネが縮み、アーム類が動きます。この状態でタイヤが駆動力をしっかり伝え、直進性も保たれるのが良いサスペンションです。タイヤ抜きでいいサスペンションということはありえません。

◩サスペンションの設計は、結局タイヤをどうするかが重要

ブレーキング時には**ノーズダイブ**するため、フロントタイヤに荷重が乗り、それからサスペンションが動きます（下図②）。このときタイヤの動きをコントロールして安定したブレーキングができるようにするのがサスペンションの役目です。ここでも主役はタイヤです。前後の上下動は**ピッチング**といわれます（上図）。

コーナリング時には、サスペンション形式によって、タイヤの傾きが違ってきます。常に路面に対して垂直なのがベストということになりますが、現実的にはなかなかそうもいきません。ですから、**サスペンションジオメトリー**や**アライメント**（第5章参照）、サスペンションストロークを鑑みて、「これくらいのスピードだったら、タイヤの傾斜角がこれくらいで、いい感じのコーナリングができる」「ここまでいってしまうと角度が良くないが、現実的にはそうはならないだろう」などと妥協点を探すわけです。ここが**ローリング**の重要な部分です（上図）。

バウンシング、ピッチング、ローリング、ヨーイング

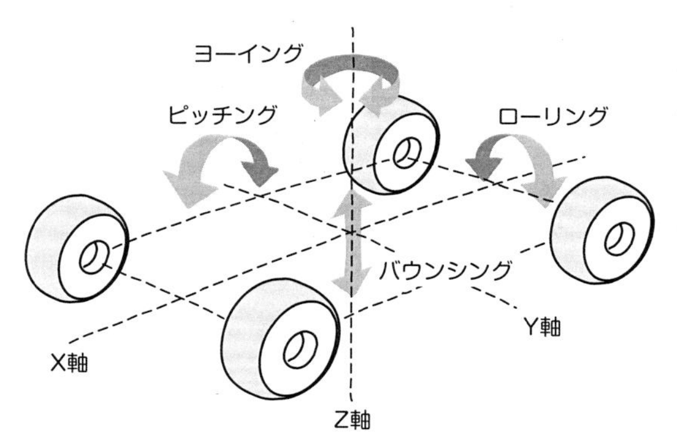

クルマには図のような4方向の動きがある。これらの動きはまず路面からタイヤへの入力として始まり、サスペンションが動き、タイヤやボディの動きとして現れる。

テールスクォートとノーズダイブ

テールスクォート(①)は、加速時にリヤタイヤに荷重が乗る現象。タイヤがしっかり路面をとらえながら直進安定性を保たなければならない。一方、ブレーキング時にはノーズダイブ(②)して、フロントタイヤに荷重が大きくかかり、路面との摩擦も大きい。ここではフロントだけでなく、リヤへの荷重分担が大事になる。

①テールスクォート

リヤ駆動でフロントが軽かったり、サスペンションストロークが短いと、サスペンションによって直進安定性が保てない

②ノーズダイブ

POINT
◎タイヤは路面からの入力を一番最初に受けるサスペンションの一部
◎ピッチングなど、クルマの動きによってタイヤの摩擦力や角度が変わる
◎サスペンションはあらゆる状況でタイヤの角度をコントロールする

タイヤの構造

前項により、サスペンションとともに、走行性能に大きな影響を与えるのがタイヤだとわかりました。タイヤは一見ゴムのかたまりのようですが、どのようなところが性能に反映されるのですか。

タイヤはゴムでできていて、スプリング的な役割を果たしたり、曲がるための力（コーナリングフォース）を生み出したりします。それらについて解説する前に、タイヤの構造を見てみることにします。

◩ラジアルタイヤは放射状のカーカスにベルトを巻いてある

タイヤはゴムだけでは成り立ちません。内部には強度、耐久性向上のためのポリエステルやナイロンのコードでつくられた**カーカス**と**スチールベルト**があり、**ホイール**と接合する部分には**ビード**と呼ばれる高炭素鋼で強化された部分があります。

外側は、**トレッド部**、**ショルダー部**、**サイドウォール部**からなり、路面と接触する部分がトレッドです（上左図）。

ラジアルタイヤのラジアルというのは「放射状の」という意味です。これはカーカスを構成するコードが、トレッドの中心線に対して直角に配列されており、タイヤを横から見ると、コードが放射状になっていることから名付けられています。トレッド部にはスチールベルトがあり、タイヤ外周を締め付けているイメージです。

一方の**バイアスタイヤ**は、カーカスが斜め（バイアス）に重ねられることでつくられています。周囲にはナイロンのブレーカーが配置されることもあります。スチールベルトで締めあげられたラジアルタイヤに比べて乗り心地は良い傾向にありますが、タイヤの変形が大きく急ブレーキなどで性能が劣る場合があります（中図）。

◩サイドウォールは乗り心地と操縦性のバランスが重要

サイドウォールは、操縦性に大きく関わるところです。ここが柔らかければ乗り心地が良くなりますが、走りのしっかり感を得るには、適度な硬さが必要になります。ここの部分の変形はコーナリング性能に大きく関わるところですが、それは152頁で改めて解説します。

タイヤのサイズは、195/65R15 94Sのように表されます（下図）。このくらいのサイズが20世紀までの2リッタークラスの乗用車の標準的なものでしたが、近年は**低偏平率化**が進んで、**偏平率**55、50というようなサイズが当たり前になってきています（上右図）。タイヤの外径は同じですから、その分必然的にホイールのインチ数が大きくなります。

ラジアルタイヤの構造

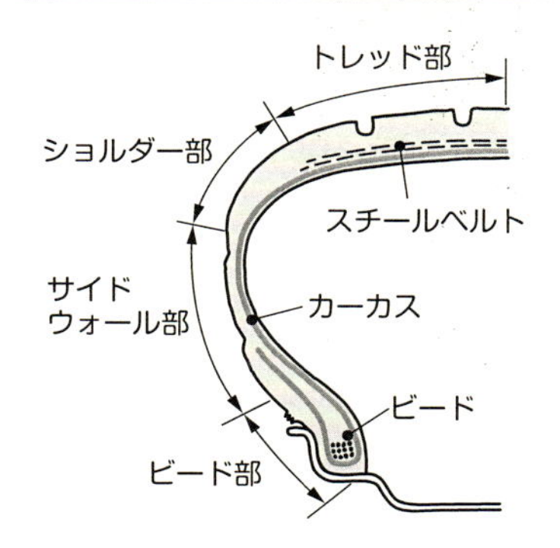

偏平率

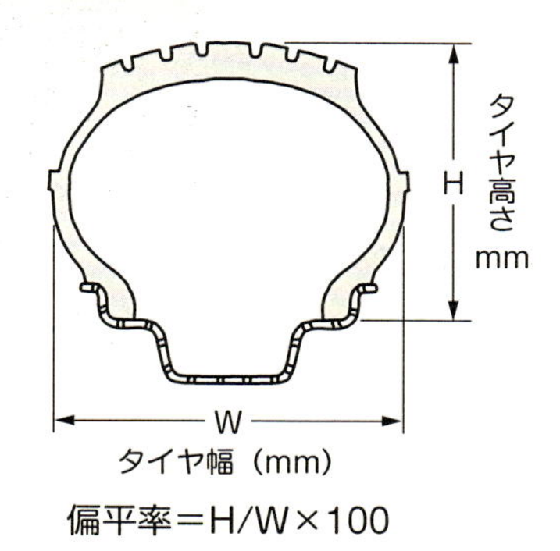

ラジアルタイヤとバイアスタイヤの違い

①ラジアルタイヤ

②バイアスタイヤ

タイヤサイズの表記例

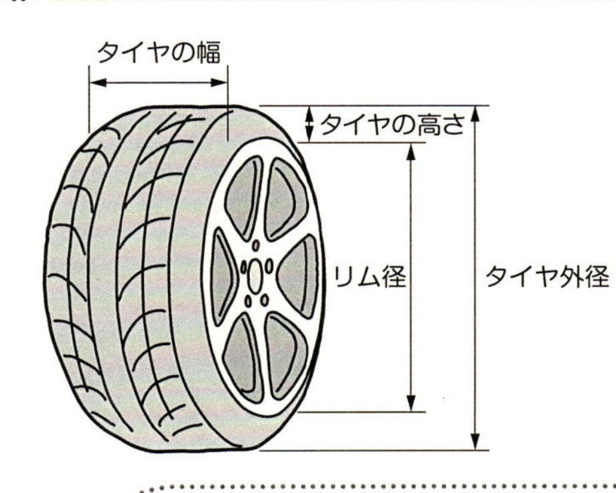

195①/65② R③ 15④ 94⑤ S⑥

①タイヤ幅
②偏平率（%）＝タイヤ高さ／タイヤ幅×100
③ラジアルタイヤ
④リム径
⑤ロードインデックス
⑥速度記号

※⑤ロードインデックスとはタイヤ1本で支えられる最大負荷の大きさ。94＝最大670kg
※⑥速度記号とは規定の条件下でそのタイヤが走行できる速度を示す記号。S＝180km/h

POINT
◎タイヤはゴムだけでなく、カーカスやベルトなどから成り立つ
◎ラジアルタイヤとバイアスタイヤは構造的に大きな違いがある
◎タイヤのトレッドだけでなく、サイドウォールが性能に影響する

ホイールの構造

タイヤはホイールと一緒になっています。これはただ単にタイヤとクルマを結びつける役割をしているだけなのでしょうか。スチール製やアルミ製のものがありますが、違いはあるのですか。

サスペンションと直接つながっているのは、タイヤではなく**ホイール**です。構造から見ると、タイヤが装着される**リム**と、アクスルに取り付けられる**ディスク**に分けられます。リムとディスク部が**鋳造**や**鍛造**によって一体成型されたものをワンピース構造、別体で組み付けたものを結合構造（2ピース構造等）といいます。サイズの見方は上図に示します。

◪走行性能を考えればアルミ合金の鍛造製が良い

材質では**アルミ合金ホイール**が主流です。**スチールホイール**はアルミに対して重く、形状の問題からブレーキの**放熱性**が低い傾向があります。アルミ合金は鋳造で製造する場合、熱したアルミを金型に流し込むことでいろいろな形状にでき、**ディスクローター**の開口部を大きくして、放熱性を高めることができます（122頁参照）。

操縦性を考えると剛性も重要で、その意味では鍛造ホイールが優れています。これはアルミ合金を叩くようにしてつくるため、組織が緻密で強く、どの部分でも均一にでき、後で解説するホイールバランスも良くなります（中図）。

ホイール剛性が高ければ、それだけタイヤからの入力をきっちりとサスペンションに伝えることができるので、走行性能にも良い影響を与えます。また、軽いホイールは**バネ下重量**の軽減という意味でも走行性能に貢献しますが、高速で回転しているときには軽い方がステアリングの操舵がしやすいということもあります。

剛性と軽さはある程度相反しますから、このへんは妥協点を見つける以外ありませんが、そういう意味では、高価ですがアルミの鍛造ホイールがベストです。

◪気持ちよく走るにはホイールバランスも重要

ホイールバランスという言葉を聞いたことがあると思いますが、これはホイール質量の部分部分によるムラのことです。ホイール自体のバランスが良くても、エアバルブや、タイヤにも重い所と軽い所があります。

そのためタイヤ組み付け時には、**ホイールバランサー**にかけてホイールとタイヤのバランスを見て、軽い部分に**バランスウェイト**を貼り付けてバランスを取ります。バランスがとれていない場合、ある程度のスピードになると共振運動が起きてステアリングに不快な振動を与えることがあります（下図）。

ホイールの寸法

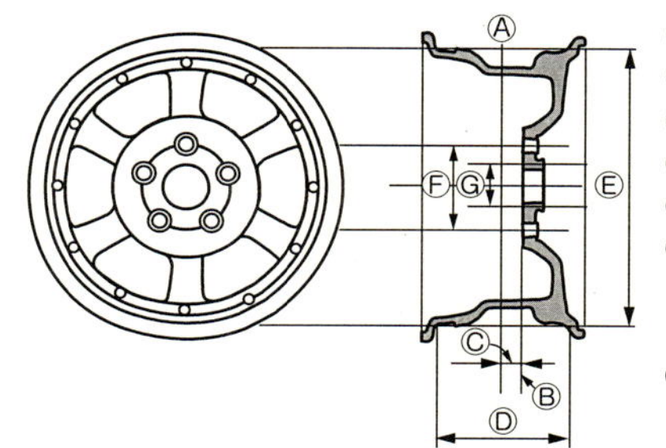

Ⓐリム中心線
Ⓑディスク内面
Ⓒインセット
Ⓓリム幅
Ⓔリム径
ⒻP.C.D（ボルト穴ピッチ円直径）
Ⓖハブ径

ホイールのサイズには図のA～Gを抑えておくことが重要。Cはディスク内面(B)がホイールの中心の内側にあるものをインセット、外側にあるものをアウトセットという。

ホイールの製造方法

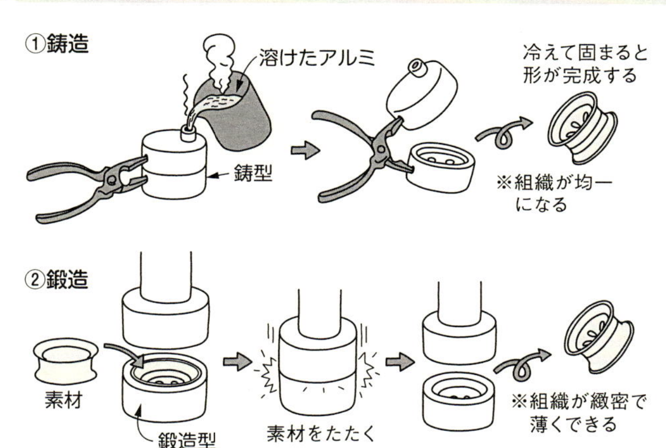

鋳造アルミ合金製ホイールは、鋳型にアルミ合金を溶かしたものを流し込めば成形できるので、比較的コストが低い。鍛造アルミ合金製のホイールは、素材を叩くようにしてつくる。日本刀の製法と同じでコストがかかるが、鋳造と同じ剛性で良いのならば軽量にもなる。

ホイールバランスとは?

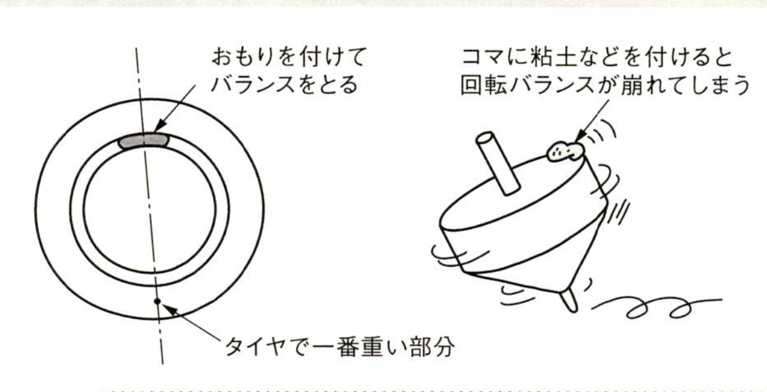

コマは、どこかが重くなるとバランスが崩れうまく回らない。ホイールも同じで、一番重い部分の対角線上にウェイトを付けてバランスを取る。

POINT

◎ホイールは剛性、重量などで走行性能に直接影響を与える
◎サスペンションを最大限に活かすのならば、鍛造アルミ合金がいい
◎ホイールバランスがとれていないと、サスペンションを活かし切れない

タイヤの摩擦円とスリップアングル

走行性能にタイヤが大きく関わっていることはわかりますが、そもそもクルマはなぜステアリングを切ると曲がるのですか。タイヤと路面の関係から教えてほしいのですが。

コーナーを曲がるためには**ステアリング**を切り込みます。一見当たり前のように感じるかもしれませんが、「どうして曲がるのか？」と改めて聞かれると、ちょっと困ってしまいます。これは、ステアリングを切ることによって、タイヤに曲げようとする**コーナリングフォース（横力）**が発生するからです。

◩スリップアングルとコーナリングフォースの関係

ステアリングを切るとタイヤの接地面がねじれます。これがコーナリングフォースのもとです。「ねじれ」とは、ステアリングを切ったときのタイヤの向きと進行方向の角度のずれです。このずれの角度を**スリップアングル**といいます（上図①）。

スリップアングルが増せば、ある程度までコーナリングフォースは大きくなり、その後小さくなります（上図②）。つまり、タイヤを切れば曲がるが、切り過ぎると曲がらないということです。これはフロントタイヤで考えれば**アンダーステア**ですし、リヤタイヤで考えれば**オーバーステア**ということになります。

もう1つ、タイヤのグリップの概念を表すものに**摩擦円**があります（下図）。タイヤの縦方向、もしくは横方向の力をベクトルで表したものです。縦方向に100 %の力を使えば横方向は0で、その逆も同じです。

◩摩擦円の概念はベクトルで考える。勘違いに注意

では縦方向に80%使ったとしたらどうでしょうか。かなり強くブレーキングしてタイヤの能力を使っているということです。このとき、横方向は20%と言いたいところですが、ベクトルなので単純な引き算ではありません。

直角三角形の角辺の長さを求めるのと同じになりますから（下図）、

$$B=\sqrt{C^2-A^2}=\sqrt{100\times100-80\times80}=60$$

ということで60%となります。ちなみに99%で14%、90%で44%、70%で71%、50%で87%という関係になりますので、ブレーキングに縦方向のグリップを使っていても、結構横方向のグリップも使えますし、ちょっとブレーキを緩めれば、大きく横方向に使えるグリップが増えるということです。

どのような優れたサスペンションを備えたクルマであっても、この関係からは逃れることができません。

スリップアングルとコーナリングフォース

ステアリングを切ると、進行方向とタイヤの向きにずれ（スリップアングル）が生じ、タイヤがねじれてコーナリングフォース（横力）が発生するが、直進状態ではスリップアングルがつかずコーナリングフォースは発生しない。コーナリングフォースはスリップアングルに応じて大きくなり、一定のところで低下する。これは高性能タイヤでも同じ。

①コーナリングフォースの発生

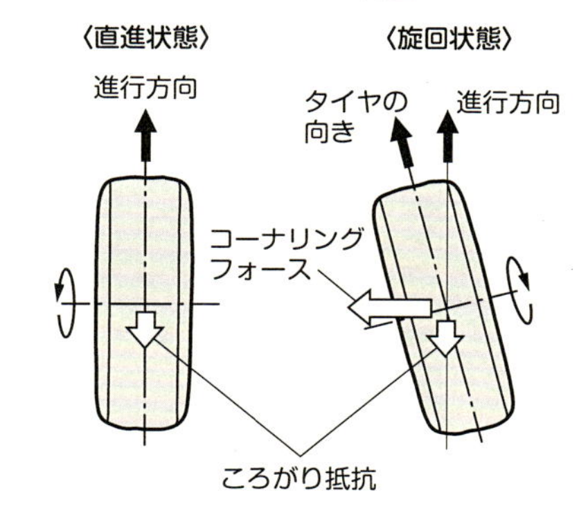

②コーナリングフォースとスリップアングルの関係

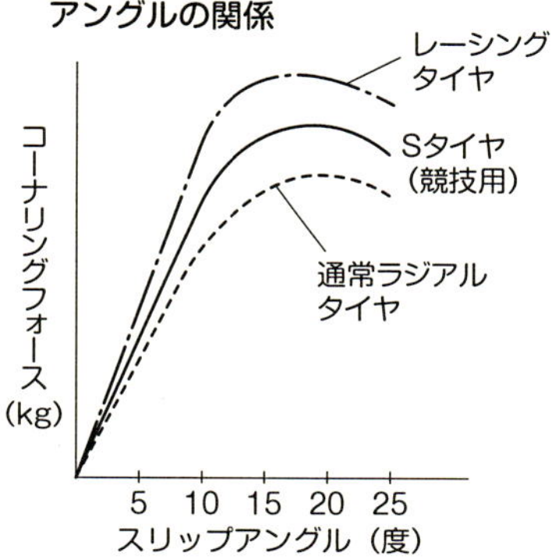

タイヤの摩擦円の概念

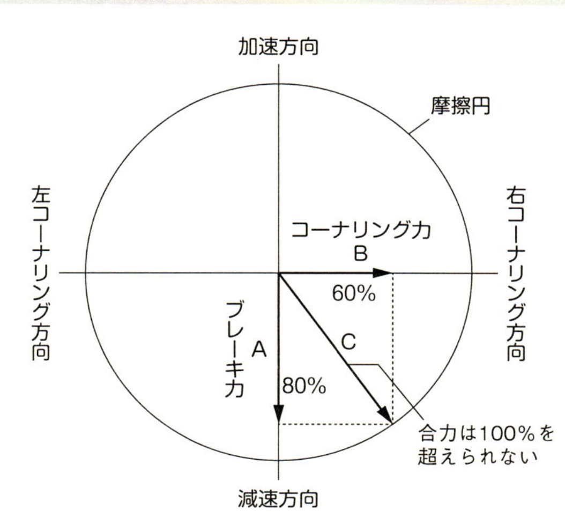

摩擦円は加減速方向の力とコーナリング方向の力のベクトルで表される。図のようにブレーキ力(A)を80%使ったとすると、コーナリング力(B)は約60%使えることになる。合力(C)は、この摩擦円を超えることはできない。

POINT

- ◎ステアリングを切ると曲がるのはタイヤにコーナリングフォースが発生するから
- ◎コーナリングフォースはスリップアングルによって変化する
- ◎摩擦円の概念を知ることで、タイヤの限界性能を知ることができる

サスペンションの動きとタイヤの傾き

サーキット走行などをしていると、クルマによってタイヤのトレッド面が均等にすり減る場合と、偏ってすり減る場合があります。これはどうしてですか。サスペンション形式の違いも影響しているのでしょうか。

コーナリング中に**コーナリングフォース**が発生するということは、サスペンションに力がかかるということです。とくに外側のタイヤにはコーナリングフォースと合わせて**ロール荷重**も発生し、タイヤを倒れさせる力が働きます。

例えば、右旋回をしているときに、左側のタイヤが外側に倒れる（**ポジティブキャンバー**）と、タイヤ自体は左方向に行こうとしますから、ステアリングを余分に切り込む必要が出てきて、さらにロールが大きくなり具合が良くありません。もちろんタイヤ性能も活かせません（上図）。

◩ストラット式はポジティブキャンバーがつく

ストラット式サスペンションは、とくに**対地キャンバー角変化**が大きく、工夫がないとサスペンションが縮めば縮むほどポジティブキャンバー方向になります（100頁参照）。

この状態だと、タイヤのトレッド面全体ではなく、外側から**サイドウォール**までを使ったコーナリングになってしまいます。

これを避けるためには、キャンバーをあらかじめネガティブ方向につけておいたり、ロワアームの**下反角**をつけておくように調整します（100頁参照）。そうすればアームがストラットに対して垂直になるまではネガティブ方向にタイヤが傾くようになります。また、乗り心地は犠牲になりますが、スプリングを固めてストロークを抑えるという手段もあります。

◩ダブルウイッシュボーン式も完璧ではない

ダブルウイッシュボーン式の場合は、路面によってキャンバー変化がないのが特徴のように思われていますが、実際に**アッパーアーム**と**ロワアーム**が平行等長の場合にはコーナリングで**遠心力**がかかり、ロールしたときにはボディと同じ角度で外側に倒れます。

100頁でも解説しましたが、そのために上下のアームの長さを変えます。アッパーアームが短かければ、スプリングが縮んだ場合には**ネガティブキャンバー**がつく方向で、ボディがロールしてもタイヤは路面に対して垂直を保とうとします（下図）。そういう面でもコーナリング性能に優れているといえます。

タイヤの傾きとコーナリングに発生する力

コーナリング時にキャンバー変化が起き、対地キャンバーが内側がネガティブ、外側がポジティブになると、タイヤの傾きによってコーナリングと逆方向に行こうとする力が生まれる。図は右コーナリングをリヤから見たもの。とくにストラット式では、バンプ側(縮み側)でポジティブキャンバーがつく場合があるので、適切な設定が必要となる。

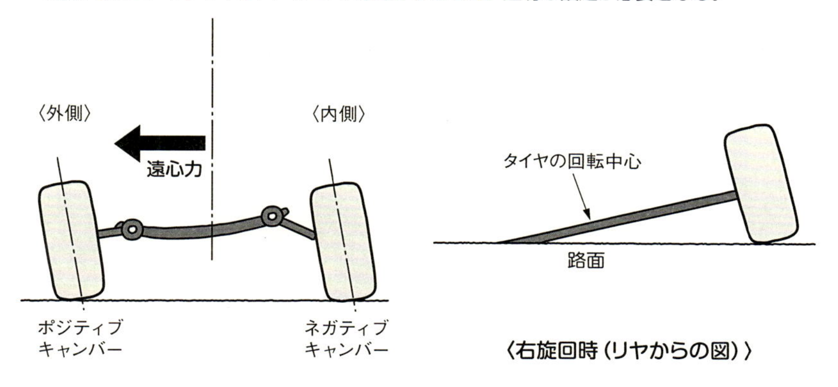

〈右旋回時(リヤからの図)〉

ダブルウイッシュボーン式の対地キャンバー変化

ダブルウイッシュボーン式では、アッパーアームを短く、ロワアームを長くし、アームのタイヤ側の開きを大きくすることで、バンプしたときの対ボディのキャンバーをネガティブにできる。ロールをしてもタイヤに対して適切な接地となりやすい。

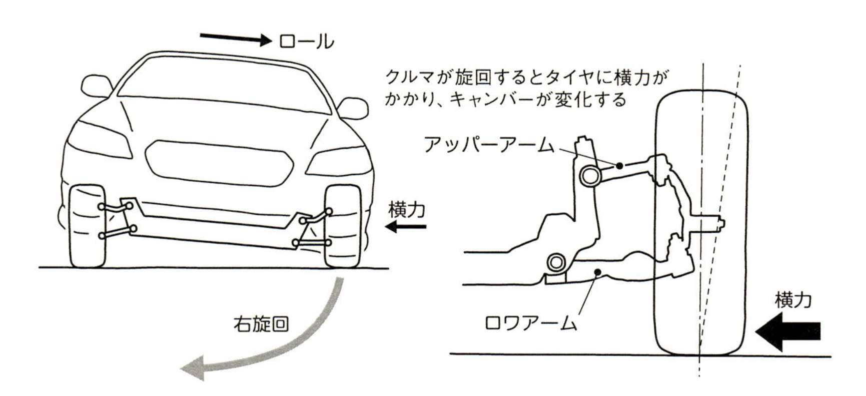

POINT
◎タイヤはサスペンションの設定により、性能を左右される
◎ストラット式はバンプしたときにポジティブキャンバーになりがち
◎ダブルウイッシュボーン式は不平行不等長アームで対地キャンバー対策をする

COLUMN 6

学生時代、クルマのパーツへの
無知によって体験したあれこれ

大学生時代のことですが、夏に千葉県の房総半島でサークルの合宿をするのが常でした。東京から現地まで行くのに、電車組とクルマ組がいたのですが、当然？　私はクルマで行くことが多くなりました。

宿泊施設は砂浜のすぐ近くで、駐車場もほぼ砂浜のようなところだったと記憶しています。現地に着けばそうそうクルマで動くこともありませんから、1週間ほども真夏の海岸にクルマを止めておくような状況が続いていました。

さて、きつかった合宿からの帰路です。途中でクルマがガタンガタンと上下に動くような感じになってきました。どうも左リヤのようです。まさに、どこかサスペンションが壊れたような感じでした。

私は危険だと思い、クルマをチェックしてみました。すると、リヤタイヤの一部がぽっこりと膨らんでいます。タイヤをスペアに交換してことなきを得ましたが、友人に怖い思いをさせてしまったのは苦い記憶となっています。

今となっては、原因が何だったのかよくわかりませんが、やはりかなり高温になるところに長期間駐車しておいたのが一因であるような気がしています。当時はクルマが好きといっても、知識も少なければお金もないこともあり、タイヤが古くてもとりあえず山が残っていればいいというような感覚でした。

また、これも友人とクルマで遊びに行ったときに、少しだけ雪が残っている上り坂でどうしても前に進めなくて悩んだ？　ということもあります。両輪が雪の上ならばともかく、片輪はしっかり舗装路に乗っています。タイヤの山も十分にあるのだから、進めそうなものだと考えたのです。

それが1輪でもスリップすると駆動力がかからないデファレンシャルギヤのためだったと気がついたのは、やはり自動車雑誌で働くようになってからだったような気がします。

クルマはエンジンだけでもサスペンションだけでも走らないと、身をもって知った出来事でした。

第7章

さまざまな サスペンション

Various suspensions

エアサスペンション

高級車のカタログを見ていたら、エアスプリングという言葉が出てきました。これは文字どおり空気をスプリングの代わりにするものなのでしょうか。また、そのメリットは何ですか。

ここまで、**スプリング**としてはコイルスプリングやリーフスプリングなどを紹介してきましたが、空気を利用する方法もあります。これを**エアスプリング**といいます。観光バスなどに多く採用されていましたが、一部の乗用車にも使われることがあります。通常、エア室の中に密閉された空気によってボディを支えます（上図）。

◪エアスプリングはゴム風船のような乗り心地

エアスプリングは、**プログレッシブレート**※となる特徴があります。空気ですから、通常は風船の上に座ったときのようにふわふわと柔らかい傾向ですが、圧縮されると**スプリングレート（バネ定数）**が高くなるので、普段は柔らかくて乗り心地が良く、ローリングやピッチングが大きいほど硬くなる方向になります（下左図）。

もう1つの特徴として、コンプレッサーによるエアの制御で、車高やスプリングレートをコントロールできることがあります（下右図）。

簡単にいえばエア室の空気を増やせば車高が上がり、減らせば下がるという**車高調整**も可能です。また。スプリングレートの切り替えの一例では、メインとサブの2つのエア室をつくり、2つのエア室に空気を入れて容量を大きくすればソフトになりますし、1つ（メイン）だけに空気を入れて容量を小さくすればハードとなる、という切り替えができます。

◪電子制御を用いることで、一歩進んだサスペンションにもできる

こうしたスプリングレートの変更は、手動ではなくコンピューター制御とすることでさらにメリットにもなります。単純に高速走行のときにはハードに、一般走行から低速走行のときにはソフトにすれば、ドライバーの手間も省け、快適な走行が可能となります。

もっと進んで、加減速時の前後のスプリングレート、旋回時の左右のスプリングレートをコントロールすることも可能となります。これは160頁で解説する**電子制御サスペンション**ともつながります。

ただ、どちらかというとスポーツカーは乗り心地は犠牲にするという割り切りができますから、乗り心地優先のクルマをオールマイティに使いたいという場合に利用されることが多くなっています。

※　プログレッシブレート：荷重のかかり方によってバネの硬さが変化するもの

エアサスペンションの例

コイルスプリングはなく、その代わりにエア室（エアチャンバー）を装着し、そこにエアを入れることでスプリングの役割をさせる。現在でも乗り心地を優先した高級車などに多く使われている。

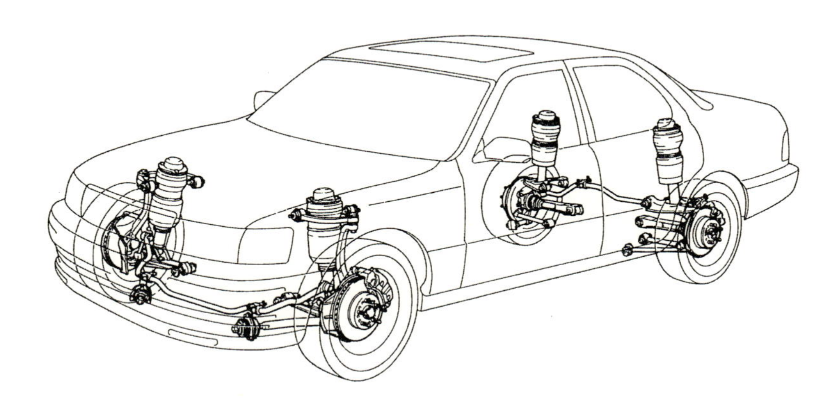

エアサスペンションの特性

エアは圧縮されるほどバネレートが高くなる非線形特性を持つために、普段は柔らかく、ローリングやピッチングが大きくなると硬くなるという特性を持つ（①）。また、エアサスペンションは、エア室の空気の量をコントロールすることで車高調整を比較的容易にすることができる（②）。

①金属バネと空気バネの特性

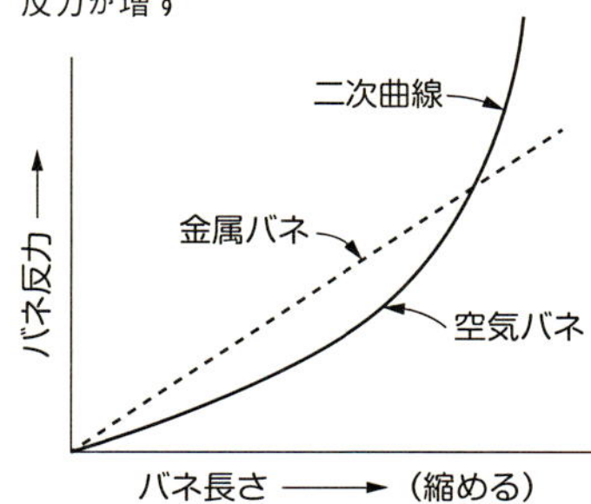

②車高調整

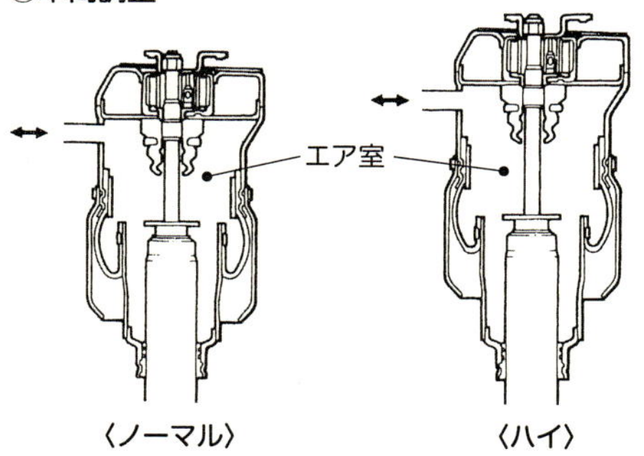

POINT

◎エアスプリングは、乗り心地が良い傾向となり高級車に用いられる
◎エアの量を調節することで、車高やバネレート自体の加減が行なえる
◎エアスプリング自体が非線形特性を持っており、とくに低速ではソフト

ハイドロニューマチックサスペンション

独特なサスペンションとして、シトロエンの「ハイドロニューマチック」という名称を聞くことがありますが、これはどのようなサスペンションなのですか。どんな機構で何が優れているのでしょうか。

ハイドロニューマチックサスペンションは、フランスのシトロエンが開発したサスペンションです。**エアサスペンション**の一種ともいえますが、前項で解説したエアサスペンションではエア自体の出し入れで調整していたのを、オイルの出し入れによって調整するのが特徴です。

◩スプリングは封入した窒素ガス

通常スプリングが装着される場所には**スフェア**という球状の容器が設けられます。この中はダイヤフラムで仕切られ、内部にはエア（実際は窒素ガス）が封じ込まれています（上図）。

下部はオイルが出入りできるようになっており、これは高圧ポンプやアキュムレーターといったシステムで、逆にタンクに戻すことができます。これによって車高が調整できるのが、ハイドロニューマチック最大の特徴です。

◩柔らかいスプリングレートと車高調整がポイント

乗り心地を良くしようと思って極端に柔らかいスプリングを使うと、車高を維持することができません。スプリングの柔らかさというのは、車重によってある程度制限されてしまうわけです。

しかし、ハイドロニューマチックではその制限がありません。オイルで車高を保てるからです。しかも、それは金属ではなく窒素ガスですから、前述のように**プログレッシブレート**であったり、路面からの入力を減衰する性質を持っていたり、微振動を抑えるということが可能になります。

最初にこのハイドロニューマチックサスペンションを装着したシトロエンDS21は、フロントがダブルウイッシュボーン、リヤがトレーリングアームというサスペンション形式に、**スプリング**と**ショックアブソーバー**の役割としてハイドロニューマチックを採用しています。

その後、改良が加えられ、電子制御式のハイドロニューマチックサスペンションも登場しました（下図）。これらはより緻密な制御が可能となっています。また、シトロエン自身もハイドロニューマチックの進化系**ハイドラクティブ**※を登場させるに至りました。

※　ハイドラクティブ：機械式のハイドロニューマチックを進化させて電子制御化したサスペンション。Ⅱ→Ⅲ→Ⅲ＋と進化した

シトロエンDS21に採用されたハイドロニューマチック

1955年にシトロエンDS21に採用されたのがハイドロニューマチック。窒素ガススプリングは、ソフトな乗り心地にも関わらず、スポーツカー並の安定性を持つことで高い評価を得た。

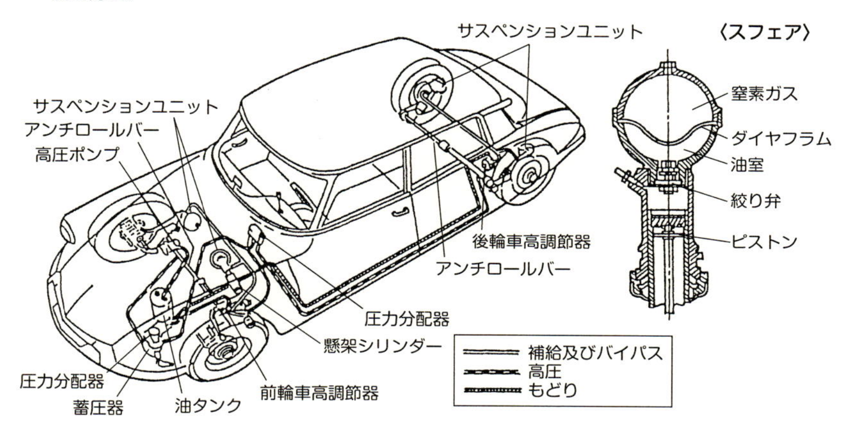

電子制御式のハイドロニューマチック

トヨタランドクルーザーに採用された電子制御式のハイドロニューマチック。多段式に車高が設定でき、車速などの信号により自動で車高を変えられるなどのメリットがある。

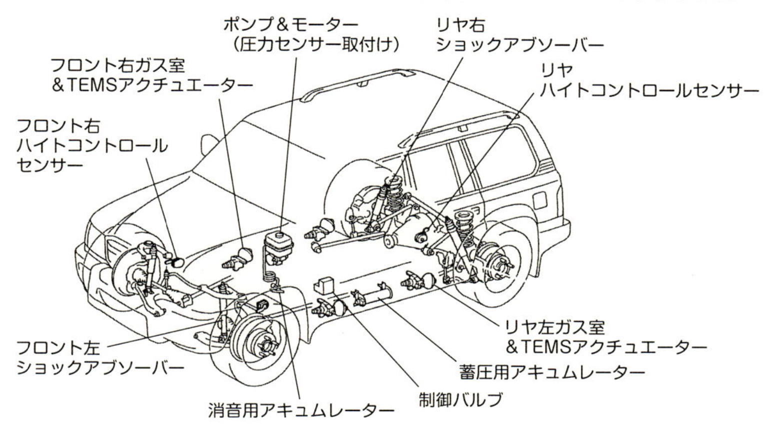

POINT
- ◎ハイドロニューマチックはシトロエンが自動車用に開発したシステム
- ◎窒素ガスによるバネと油圧による車高調整機能が特徴で、どのようなサスペンション形式とも組み合わせることができる

電子制御サスペンション

現在のクルマは電子制御の技術が非常に発達しているといわれていますが、サスペンションに関してはどうなっているのですか。代表的なものについて教えてください。

電子制御技術がどんどん発展している現代では、**スプリングレート**、ショックアブソーバーの**減衰力**をはじめ、さまざまなものがクルマの状態やドライバーの意図を見越したように、自動制御されています。

◩1台でいろいろなシチュエーションに対応したい要望に応える

タイヤの能力を発揮して、クルマの性能を最大限に引き出して走るには、常にタイヤを路面に垂直にしておく必要があります。そのためには、スピード域が高くなればなるほど、スプリングレートも減衰力も硬くしていくことが求められます。

もし柔らかい場合は、**ロール**が過大となったり、**サスペンションストローク**から路面との接地性が保てなくなります。かといって硬くすると、どうしても路面の振動を拾ってしまって**乗り心地**が悪いクルマとなり、一般的には好まれません。このへんが走行性能と乗り心地の相反するところです。

そこでコンピューターでクルマのスピードや姿勢、そしてドライバーの操作を解析して、その時々に応じたスプリングレート、減衰力にしてやることができれば、理論上はオールマイティなサスペンションとなります（上図、下図）。**アクティブサスペンション**と呼ばれるものも、この延長線上にあるといえるでしょう。

◩ショックアブソーバーの減衰力を自動で切り替える

日本では、トヨタのTEMS（テムス）がその端緒を切ったといえます。走行状態に応じて減衰力を可変するショックアブソーバーで、初期のものはロータリーバルブを電動アクチュエーターによって回転させ3段階の切り替えが可能でした。

走行状態を、上下Gセンサー、スロットルポジションセンサー、舵角センサー、車速センサー、ストップランプスイッチなどで検出するもので、急加速時、急ブレーキ時、コーナリング時に減衰力を高くします。その後、ピエゾTEMSなども開発されました。

これは現在AVSと名を変えていて、TEMSから進化したものです。車体の上下の動き（加速度）を感じ取るGセンサーの信号をもとに、路面からの衝撃（入力）による車体の動きを検知します。AVSでは、非線形H∞と呼ばれる制御理論を用いて、4輪の減衰力をきめ細やかに制御します。

減衰力切り替え型ショックアブソーバー(左)と減衰力の変化

減衰力は、手動で外から切り替えられるものもあったが、それを電子制御で切り替えるものもある。トヨタのTEMSなどが国内での先例となった。1台のクルマで一般走行からある程度ハードな走行までこなせるように配慮したもの。

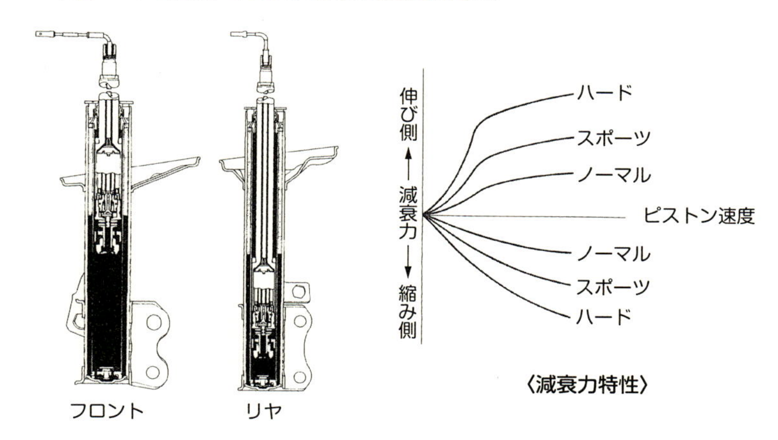

電子制御式減衰力切り替えシステム

減衰力のコントロール方法は初期のロータリーバルブを電動で切り替えるものから、ピエゾセンサー、ピエゾアクチュエーターを用いてよりきめ細かくできるものに進化した。

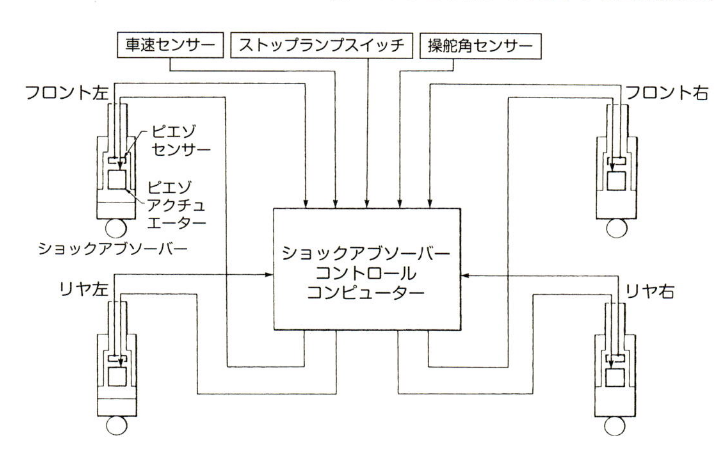

POINT

◎電子制御により、サスペンションの対応域が広がるようになった
◎国内ではトヨタのTEMSなどが電子制御サスペンションの先駆け
◎その後も進化を続け、クルマの走行性能の向上に役立っている

COLUMN 7

個性的な昔のサスペンションと

無難な? 最近のサスペンション

あまり特殊なサスペンションのクルマには乗ったことがありませんが、仕事柄エアサスペンションのクルマはお借りして乗ったりします。といっても、乗ってしまえばことさらエアサスペンションを主張するようなことはありませんし、単純に言えば「乗り心地がいいな」くらいの感覚です。もちろん販売するメーカーもそれを目指しているわけですから悪いことではないのだと思います。

今のクルマはただ乗り心地が良いだけでなく、例えばモードをコンフォートからスポーツなどに切り替えれば車高が下がったり、オフロードモードにすれば車高が上がるなど、エアサスならではの機能があり魅力的です。

本文で解説したシトロエン伝統のハイドロニューマチックは、残念ながら自分で乗ったことがないのですが、興味深いサスペンションの1つだと思います。これは油圧を使っていますが、スプリングに窒素ガスを使用しているのでエアサスの一種といえるでしょう。このクルマは、見ているだけでも面白いところがあります。

駐車しているときは車高がべったりと低くなっています。そして、クルマに乗り込みエンジンを始動すると、油圧により車高が上がって走れる状態となります。ちょっと生き物が目覚めて動き出すような感じもあり、ファンにとっては愛着を持つ点の1つなのかもしれません。

もう1つこのクルマの特徴は、3輪（フロント2輪、リヤ1輪）でも走れることです。通常は1輪がなければクルマが斜めになって走行することはできませんが、油圧で車高を調整しているという機構上、こんな芸当ができるわけです。シトロエンは、現在このサスペンション機構をやめているようですが、なんとなくさびしい気もします。

最近のサスペンションは、ストラット式やダブルウイッシュボーン式、マルチリンク式でそれぞれ熟成されていますが、個性という意味ではちょっとかなわない感じがします。

第8章

サスペンション周辺のメンテナンス

Maintenance around the suspension

サスペンションの劣化

「サスペンションがへたる」という言葉を聞くことがあります。これは具体的にどのようなことをいうのですか。また、へたるとクルマにどのような影響があるのでしょうか。

サスペンションの劣化で代表的なものといえば、**ショックアブソーバー**に関するものです。これは使い方にもよりますが、長期間使用していると、正規の**減衰力**がでなくなることがあります。寿命の目安としては、10万km走っていたらまず劣化している（抜けている）と考えていいでしょう。

◩一番わかりやすいのはショックアブソーバーの抜け

判断の基準で一番わかりやすいのは、オイルの漏れです。**ピストンロッド**が上下するので（84、86頁参照）、その部分のオイルシールからオイルがにじんだり漏れたりすることがあります（上図）。フィーリング的な部分では、なかなかわかりづらい面もあるのですが、以前より乗り心地がふわふわしてきたとか、突起物を乗り越えたときに、揺れの収まりが悪くなってきたら寿命ということになります。

実際に、メンテナンスをして長持ちをさせられる部分というのは少ないのですが、ピストンロッドにゴミなどが付着していると、それが**オイルシール**を傷める原因ともなりますので、柔らかい布で清潔にするという方法があります。これもあまりゴシゴシやって傷をつけてしまうと本末転倒になるので注意が必要です。

スプリングに関しては、純正品ならば新車から廃車にするまで劣化するということはないと考えていいでしょう。ただ、社外品のスプリングなどに交換した場合には、車高がどんどん下がってくることがあります。それはスプリングの劣化が原因ですので交換が必要になります。

◩ゴムブッシュも経年劣化が避けられない

もう1つの重要パーツに**ゴムブッシュ**があります（92頁参照）。ゴムですからどうしても経年劣化が避けられません。ブッシュはサスペンションの要の部分に取り付けられているので、アーム類の動きにも影響が出てきます。メンテナンスをして長持ちさせられるものではありませんが、定期的に変形や亀裂などをチェックすれば劣化を早期に発見することができます（下図）。

部位によっては油圧プレスでの圧入などが必要で、素人が交換できない場合もありますが、比較的安価なパーツなので、早めに交換しておけば常に快適なドライブができるようになります。

ショックアブソーバーからのオイル漏れ

普段乗っていると、ショックアブソーバーの劣化はなかなかわからない。チェックポイントとして一番わかりやすいのがオイル漏れ。ピストンロッドとケースを密閉しているシールの劣化からオイル漏れが始まる。こうなったら要交換。

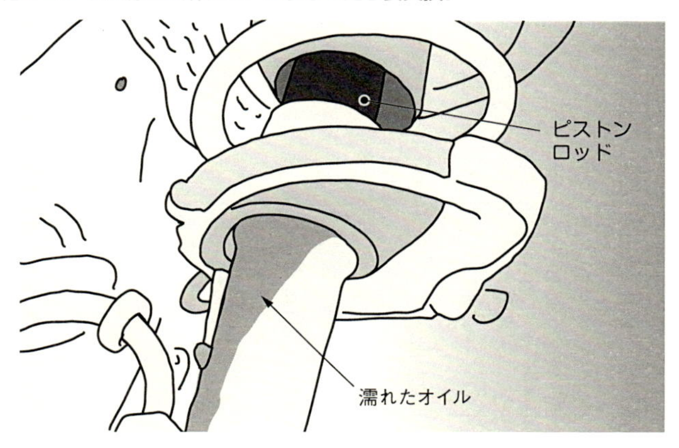

ゴムブッシュの亀裂

強化ゴムを使用しているとはいえ、やはりブッシュは経年劣化でへたってくる。変形する場合や亀裂が入ってくる場合が多い。普通に走っていてすぐに影響が出るという部分ではないが、安全のためにも日頃のチェックを怠りなくしたい。

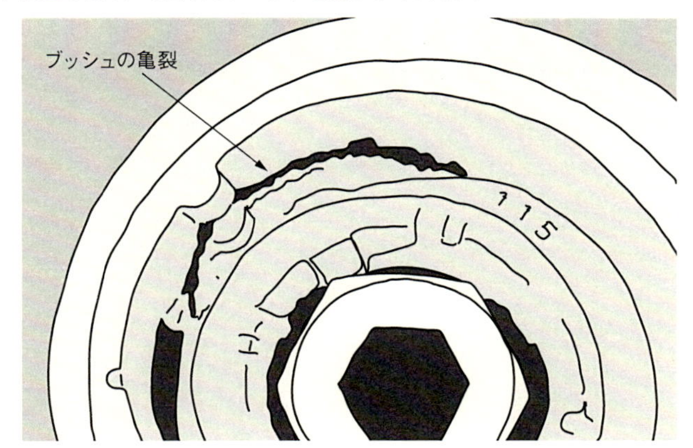

POINT
◎サスペンションの劣化で一番顕著なのはショックアブソーバー関連
◎スプリングに関しては、純正品の場合劣化は少ない
◎ゴムブッシュも経年劣化が避けられないパーツ。へたったら交換が必要

アライメントの調整

「アライメントを調整する」というと、とても難しいことのように思えますが、自分でもできるのですか。また、これはどのようなときにするのでしょうか。メリット、デメリットも教えてください。

第5章で解説したとおり、**アライメント**は操縦性に大きな影響を与えます。クルマによってアライメントの正規の値がありますが、それが知らず知らずのうちにずれてしまうことがあります。走るということは、大なり小なりサスペンションに衝撃を与え続けますし、もし縁石などの障害物に足回りをぶつけてしまったら、**トー角**などがずれるということが往々にしてありえます（98頁参照）。

◪アライメントは調整できる場合がある

そうなったら、もう正規の値には戻らないのか？　というと、そんなことはありません。サスペンションは、ある程度ですがアライメントが調整できるようになっているからです。フロントに関しては、トーはほぼ100％のクルマで調整が可能です。**キャンバー**は車種にもよりますが、**ストラット式**や**ダブルウイッシュボーン式**の場合、調整が可能なものもあります。**キャスター**は基本的には調整できません。

リヤに関してはサスペンション形式によります。ストラット式やダブルウイッシュボーン式ではある程度調整できる場合がありますが、**リジッドアクスル式**、**セミトレーリングアーム式**、**トーションビーム式**は基本的に調整ができません。また、操縦性を変えるために、意図的にアライメントを調整するということもあります。この場合、やや**ネガティブキャンバー**をつけることでコーナリング時のタイヤの接地性を上げることを狙ったりします（98頁参照）。

◪アライメント調整はプロに頼むのが安心

アライメント調整は絶対に自分でできないか？　というと、そうとも言い切れません。フロントのトーの調整は**タイロッドエンド**のナットを回すことで行ないますから、それ自体は難しい作業ではありません（上図、112頁参照）。ただし、調整はミリ単位ですから、適当に合わせるというわけにはいきません。それによって、ステアリングのセンターが大幅にずれたり、タイヤの偏摩耗が起きることもあります。

基本的には、タイヤショップなどにある**アライメントテスター**にかけて、プロのスタッフにやってもらうといいでしょう。例えば、ショックアブソーバーを社外品に交換したとか、最近タイヤの偏摩耗が気になるといった場合には、**アライメントの調整**で改善できることがあります（下図）。

フロントのトー調整はタイロッドエンドで行なう

フロントのトー調整は、タイロッドに切ってあるねじ山部分によって可能になる。メジャーを使って自分で行なう人もいるが、厳密なトー角を出すには、アライメントテスターを使用して行なうのがベター。大幅にずれると操縦性の悪化やタイヤの偏摩耗も起きる。

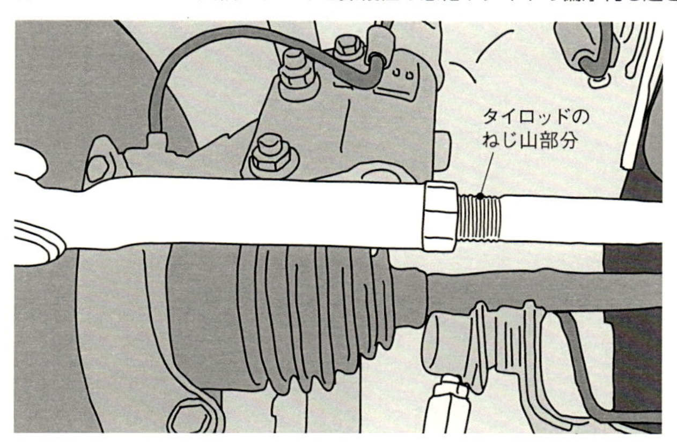

ストラットとハブキャリアの取付部でキャンバー調整ができる例

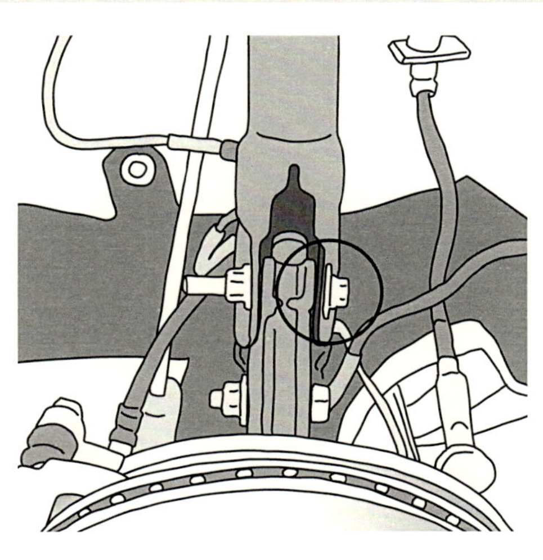

すべての車種ではないが、フロントやリヤのキャンバー調整ができる車種もある。ストラットの場合、偏心（カム付き）のボルトを使用する場合が多い。

◎アライメントは、路面からの衝撃などでずれることがある
◎その場合、トーやキャンバーを調整して正規の値に戻すことができる
◎DIYでできないことはないが、重要な部分だけにプロに任せた方がいい

ホイールバランス等とハンドルの振動

一般道を走っているときは大丈夫なのに、高速道路で80km/h以上のスピードになると、ハンドルにブルブルガタガタとシミー（振動）が出ることがあります。どこか壊れているのでしょうか。

高速道路を走っているときに**振動**がハンドルに伝わると、サスペンションが壊れてアームが折れてしまうのでは？　などと心配することがあるかもしれません。もちろん、その可能性がゼロということではありませんが、これは**ホイールバランス**がとれていないからということが多いのが実情です（148頁参照）。

とくに安価な鋳造のホイールの場合は、箇所によって微妙に重さが違っているため、高速で回転するとムラが出るようになります。それがハンドルに伝わって振動となるわけです。

◩ホイールのバランスをとるためにウェイトを貼り付ける

それを改善するために、ホイールには**バランスウェイト**が貼り付けてあります。これをホイールの内側と外側に貼り付けることで、完璧にではありませんがホイールがムラのない回転をして、実用上問題が出ないようにしているのです（上図）。

通常、ホイールバランスはタイヤに空気を入れた状態でとられます。ホイール自体のバランスがとれていても、空気を入れるバルブの部分は重くなりますし、タイヤも一番軽いところに**軽点**という黄色いマークがついている部分があります。

正確にタイヤを組むという意味では、重いバルブの位置と軽い軽点の位置を合わせ、バランサーにかけて、最小限のウェイトで済ませるのが良いとされています。

◩振動の原因はホイールのセンターがずれていることも

振動という面で見逃せないのが、ホイールをハブ側に装着したときにセンターが出ていない場合です。純正ホイールを使用していればまず問題はないのですが、社外品のホイールなどを使用すると、ホイールのセンターホールとハブ側のハブリングのサイズが合わないという場合があります。

ホイール取り付けの際に、それを気にしないで装着してしまうと、ホイールのセンターと**ハブリング**の間の隙間が均一でなくなってしまうことがあります（下図）。

そうすると、当然タイヤの回転は真円ではなくなりますから、ホイールバランスがずれているときと同じような振動がハンドルに伝わり、高速道路などではスピードが出せなくなってしまいます。それを改善するためには、調整用のハブリングが使用されます。

ホイールに貼られたバランスウェイト

ホイールが完璧ならば必要ないが、通常、ホイールの一番内側と外側にバランスウェイトが貼られていることが多い。フランジ部分に打ち込まれるものと、両面テープで貼られるものがある。これはホイールバランサーという機械を用いて、ホイールの内外の一番軽い部分に貼られ、ホイール全体がスムーズに回転するようにしている。

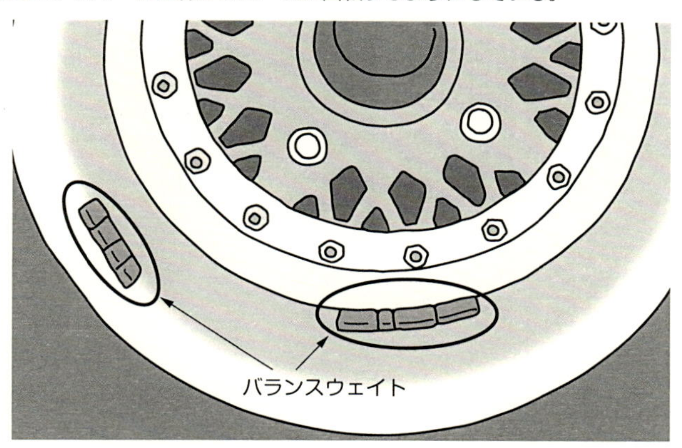

ハブリングとホイールの隙間

ハブ側のハブリングとホイールのセンターホールの間に隙間ができると、ホイールのセンターが出なくなってしまい、タイヤの回転が不安定になってしまう。これも高速時の振動の原因となる。対策としては正しいサイズのホイールを用いるか、調整用のハブリングを使用する。

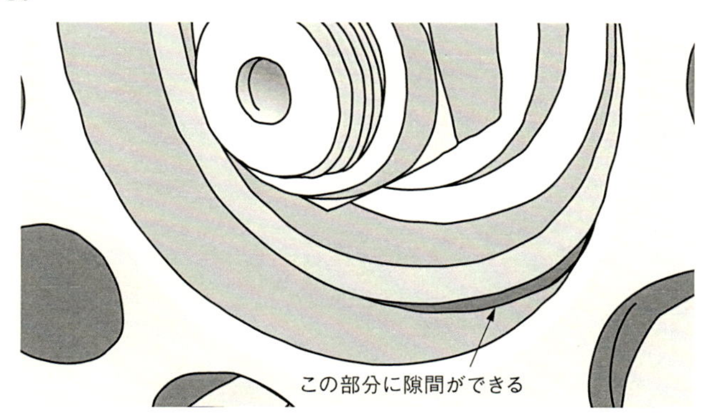

POINT

◎スピードを出したときのハンドルの振動は、ホイールバランスのずれが一因
◎ホイールバランサーでバランスをとれば解消する場合もある
◎ホイールのセンターが出ていないときの振動は、ハブリングで調整する

ハブベアリングやサスペンションアームのがたつき

サスペンションはタイヤと直接つながっている部分なので心配なのですが、1-1〜1-3項で取り上げられた以外のトラブルや、気をつけなければいけない点はありますか。

前項のハンドルの振動の後遺症としても気になるのが、**タイヤのがたつき**です。普段はあまり気にすることがないかもしれませんが、自分でジャッキアップができる人や、どこかでタイヤ交換をする機会があったら、一度チェックしてみるといいかもしれません。

◪サスペンションアームのがたつきにも注意!

タイヤのがたつきと書きましたが、実際にはタイヤ自体ががたつくわけではありません。一番単純なのが**ホイールナット**の締めつけが緩いということですが、これはタイヤが外れる事故と直結しますので、すぐに適正なトルクでナットを締める必要があります。

もう1つは、サスペンションアームのボルト・ナットが緩んでいる可能性です。これは、走っているときにもコツコツとかカンカンといったような異音が発生することがあります。タイヤを左右に揺すってみてガタがあるようなら、**サスペンションアームのがたつき**を疑ってみるといいでしょう（上図）。

フロントの場合、ステアリングが切れますから、ハンドルを固定の状態にしてやらないと、勘違いするおそれがあります。

◪意外と盲点となるハブベアリングの劣化

もう1つは、**ハブベアリングのがたつき**です。これも普段はあまり気にしない部分かもしれません。ハブベアリングはタイヤの回転をスムーズにする役割を持っていますが、これも典型的な消耗部品です（下図）。

劣化が進んでいくと、走行中にゴーッという異音がするので気がつくことが多くあります。それだけならまだいいのですが、さらに劣化が進むと、ハブベアリング自体にガタが出て、タイヤがグラグラと動き始めるようになります。

これも気になるようなら、一度ジャッキアップして、ギヤをニュートラルにし、リヤならばサイドブレーキを解除した状態でタイヤを揺すってみるといいでしょう。ちなみに「タイヤの左右を持って揺すった場合に出るがたはアーム、上下を持って揺すった場合のがたはハブ」などともいわれます。厳密には言い切れないのでしょうが、経験的な手法も知っておくと役に立つ場合があります。

ロワアームの付け根のボルト・ナットもチェックポイント

振動によってロワアームの取り付けボルトなどが緩み、走行中にコツコツといった異音がしたり、敏感な人ならば違和感を感じる場合もある。そういうときはジャッキアップをして、サスペンション各部のボルト・ナットの増し締めをすると解決することもある。

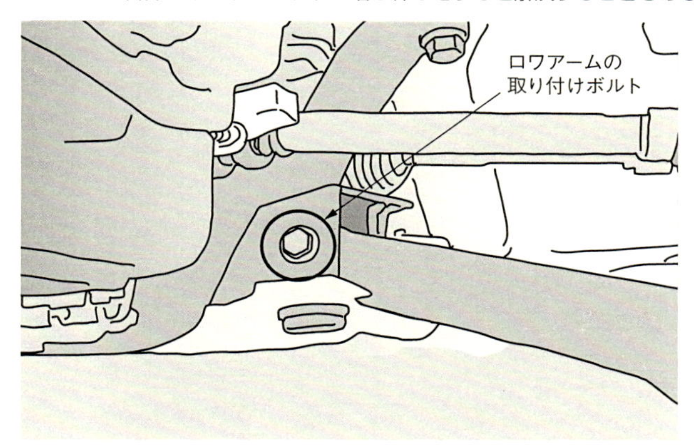

ハブベアリングは消耗品

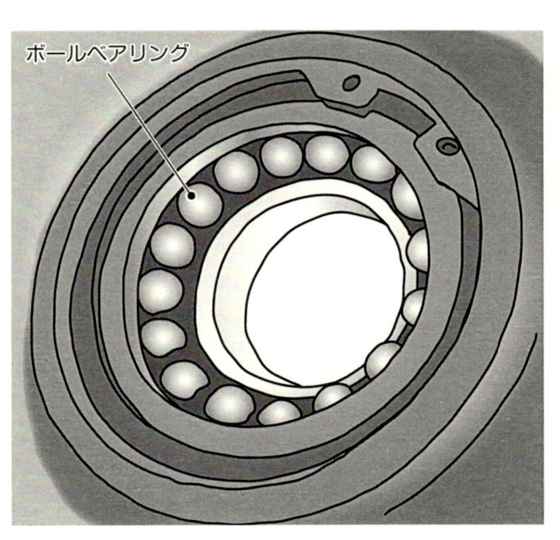

ハブベアリングは消耗品で、長い間には必ず交換が必要になってくる。中古車を購入するときのチェックポイントの1つでもある。ボールベアリングを使用している場合、長期ではグリースの劣化も起きる。そのままの状態で走っているとボールベアリングが摩耗で変形し、だんだんとハブ自体のがたつきにつながっていく。

POINT

◎ジャッキアップして、タイヤを揺するとわかるチェックポイントがある
◎サスペンションアームのがたつきは、増し締めで治ることもある
◎ハブベアリングの劣化は、すみやかに交換が必要となる

COLUMN 8

自分でやるメンテナンスの
要諦と限界の話

どちらかといえばDIY派の私は、サスペンションに関してもかなり自分でチェックしている方だと思いますし、スプリング、ショックアブソーバーの交換や特殊工具のいらないブッシュなどの交換もします。

ただし、あくまでも素人の域なので当然失敗もします。ダートトライアルなどに一所懸命参加していたときは、不整地を走ることから、どうしてもサスペンション各部のボルトが緩むということがありました。当時の先輩ドライバーからよく言われたのは、「自分でできるんなら増し締めだけはしておきなさい」ということでした。

確かに、ボルトの頭にレンチをかけて力を入れると緩んでいるということがありました。これは未舗装路を高速で走るという特殊な状況だったからということもあるでしょう。

締めれば直るという部分ならいいのですが、そうでないところもあります。足回りのチェックをしていて、一番ショックなのは、ダジャレではありませんが、「ショックからのオイル漏れ」です。こうなると、次に走るまでには交換が必要です。とくにダートという不安定な路面を走ると、テールスライドの収まりが悪かったり、ジャンプでもしようものなら、スプリングの動きが収まらず、最悪転倒ということにもなりかねません。

厳密にいうと、サスペンションではありませんが、エンジンマウントが切れるということも何度か経験しました。普通に走っているクルマであれば経年劣化でということなのでしょうが、ダート走行ではけっこうエンジンルームでエンジンが動きます。

これは操縦性にも影響するので、強化ゴムを使用したマウントに交換するのですが、動きを抑える強化マウントに亀裂が入ってしまうのです。これも自分で交換していましたが、わりと高価な部品なので、痛い出費でした。しかし、1つひとつが私の経験値となっているのも事実だと思います。

おわりに

中学生になってモータースポーツ関連の専門誌を読み始めるようになると、「レーシングカーの多くがダブルウイッシュボーン式サスペンションを使っているんだな……」と漠然と知るようになりました。しかし、それが具体的にどんなものなのか、どのような特徴を持っているのかを知ろうとするほど研究熱心ではありませんでした。

ただ、記事の中に「サスペンションのセッティング」だとか「セッティング能力の高いドライバー」などという言葉が書いてあるのを見て、「速く走るためには、サスペンションがとても重要な役割を果たしているのだな」ということだけはわかりました。

18歳で自動車免許をとって、廃車寸前の中古車を手に入れると、あちこちに走りに行くようになりました。

とくにサスペンションを意識してドライビングするということもなかったのですが、峠道を走るのが好きで、埼玉県、神奈川県、山梨県などの山道は大分走り込み？　ました。同乗したがために、随分怖い思いをした友人もいたような気がします。

今にして思えば、そのとき「サスペンションの面白さ」を知るための入り口に立っていたのかもしれません。

◎サスペンションの違いはわかりやすくて面白い

学生時代、セリカリフトバックのフロント・ストラット式、リヤ・4リンク式リジッドからセリカ・カムリの4輪独立懸架式（フロント・ストラット式、リヤ・セミトレーリングアーム式）に乗り換えたときは、その乗り心地の良さが印象的でした。

社会人になってから所有したジェミニZZ/Rのフロント・ダブルウイシュボーン式、リヤ・トルクチューブ付き3リンク式リジッドという特徴的なサスペンションの乗り味や、はじめてショックアブソーバーをモータースポーツ用のものに交換してダートを走ったときの楽しさは、今でも忘れられない記憶となっています。

サスペンションというのは、エンジンに比べると地味ではありますが、タイヤを外せば目に見えるだけに取っつきやすい部分でもあります。

自分のクルマはもちろん、いろいろなクルマのサスペンションのことを知り、友人が自分と違うクルマを持っていたら、少しでも運転させてもらったりすると、カーライフが一段と面白いものになるでしょう。

本書がそうした「クルマ好き」「サスペンション好き」の読者の方の一助になれば、著者としてもうれしく思います。

飯嶋 洋治

索　　引（五十音順）

あ　行

か　行

さ　行

た　行

な　行

は　行

ま 行

や 行

ら 行

数字・欧文

参考文献

【ホームページ】

◎スズキ株式会社ホームページ

◎株式会社SUBARU(スバル)ホームページ

◎ダイハツ工業株式会社ホームページ

◎トヨタ自動車株式会社ホームページ

◎日産自動車株式会社ホームページ

◎本田技研工業株式会社ホームページ

◎マツダ株式会社ホームページ

◎三菱自動車工業株式会社ホームページ

◎ビー・エム・ダブリュー株式会社ホームページ

◎フォルクス ワーゲン グループ ジャパン株式会社ホームページ

◎プジョー・シトロエン・ジャポン株式会社ホームページ

◎ポルシェジャパン株式会社ホームページ

◎メルセデス・ベンツ日本株式会社ホームページ

◎自動車技術会ホームページ

【書籍・ムック】

◎自動車用タイヤの知識と特性　馬庭孝司著　山海堂　1979年

◎自動車のメカはどうなっているか——シャシー/ボディ系　GP企画センター　グランプリ出版　1992年

◎車両運動性能とシャシーメカニズム　宇野高明著　グランプリ出版　1994年

◎新版　図解でわかるクルマのメカニズム　橋田卓也著　山海堂　1995年

◎サスペンションの仕組みと走行性能　熊野学著　グランプリ出版　1997年

◎クルマの新技術用語——車体・システム編　熊野学著　グランプリ出版　1999年

◎クルマのメカ&仕組み図鑑　細川武志著　グランプリ出版　2003年

◎スバルは何を創ったか　影山夙著　山海堂　2003年

◎図解でわかるクルマのサスペンション　橋田卓也著　山海堂　2004年

◎モータースポーツ入門　飯嶋洋治著　グランプリ出版　2005年
◎自動車のサスペンション［第二版］　カヤバ工業株式会社編　山海堂　2005年
◎図説前輪駆動車　影山夙著　山海堂　2006年
◎モータースポーツのためのチューニング入門　飯嶋洋治著　グランプリ出版　2006年
◎必勝ジムカーナセッティング　飯嶋洋治著　グランプリ出版　2007年
◎ランサーエボリューション Ⅰ～Ⅹ　飯嶋洋治著　グランプリ出版　2009年
◎きちんと知りたい！　自動車メカニズムの基礎知識　橋田卓也著　日刊工業新聞社　2013年
◎自動車のサスペンション　KYB株式会社編　グランプリ出版　2013年
◎シトロエンの一世紀　武田隆著　グランプリ出版　2013年
◎きちんと知りたい！　自動車メンテとチューニングの実用知識　飯嶋洋治著　日刊工業新聞社　2016年
◎走行性能の高いシャシーの開発　堀重之著　グランプリ出版　2016年
◎きちんと知りたい！　軽自動車メカニズムの基礎知識　橋田卓也著　日刊工業新聞社　2017年

著者紹介

飯嶋　洋治（いいじま　ようじ）

1965年東京生まれ。國学院大學在学中より参加型モータースポーツ誌『スピードマインド』の編集に携わる。同誌編集部員から編集長を経て、2000年よりフリーランス・ライターとして活動を開始。カーメンテナンス、チューニング、ドライビングテクニックの解説などを中心に自動車雑誌、ウェブサイトで執筆を行っている。RJC（日本自動車研究者ジャーナリスト会議）理事。

◎著書：『モータースポーツ入門』『ランサーエボリューションⅠ～Ⅹ』『モータリゼーションと自動車雑誌の研究』『モータースポーツのためのチューニング入門』（以上グランプリ出版）、『スバル サンバー』（三樹書房）、『きちんと知りたい！ 自動車エンジンの基礎知識』『きちんと知りたい！ 自動車メンテとチューニングの実用知識』（以上日刊工業新聞社）ほか。

きちんと知りたい！
自動車サスペンションの基礎知識　　NDC 537

2018年4月30日　初版1刷発行
2025年4月4日　初版11刷発行
（定価は、カバーに表示してあります）

©著　者　飯嶋洋治
発行者　井水治博
発行所　日刊工業新聞社
東京都中央区日本橋小網町 14-1
（郵便番号　103-8548）
電　話　書籍編集部　03-5644-7490
販売・管理部　03-5644-7403
ＦＡＸ　03-5644-7400
振替口座　00190-2-186076
URL　https://pub.nikkan.co.jp/
e-mail　info_shuppan@nikkan.tech

印刷・製本　新日本印刷（POD10）

落丁・乱丁本はお取り替えいたします。　2018 Printed in Japan
ISBN978-4-526-07842-2　C3053